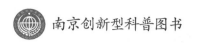

南京创新型科普图书

U0242476

紫金山动植物资源

中山陵园管理局
南京钟山文化研究会　编

东南大学出版社
SOUTHEAST UNIVERSITY PRESS
·南京·

图书在版编目(CIP)数据

紫金山动植物资源 / 中山陵园管理局，南京钟山文化研究会编. — 南京：东南大学出版社，2022.1
ISBN 978 - 7 - 5641 - 8738 - 5

Ⅰ. ①紫… Ⅱ. ①中… ②南… Ⅲ. ①山-动物资源-介绍-南京 ②山-植物资源-介绍-南京 Ⅳ. ①Q958.525.31 ②Q948.525.31

中国版本图书馆 CIP 数据核字(2019)第 287059 号

责任编辑:陈潇潇 **责任校对:**子雪莲 **封面设计:**余武莉 **责任印制:**周荣虎

紫金山动植物资源

编　　者	中山陵园管理局　南京钟山文化研究会
出版发行	东南大学出版社
社　　址	南京四牌楼 2 号　邮编:210096　电话:025 - 83793330
网　　址	http://www.seupress.com
电子邮件	press@ seupress.com
经　　销	全国各地新华书店
印　　刷	南京玉河印刷厂
开　　本	850 mm×1168 mm　1/32
印　　张	8.25
字　　数	220 千字
版　　次	2022 年 1 月第 1 版
印　　次	2022 年 1 月第 1 次印刷
书　　号	ISBN 978 - 7 - 5641 - 8738 - 5
定　　价	32.00 元

* 本社图书若有印装质量问题,请直接与营销部调换。电话(传真):025 - 83791830。

致读者

　　科技创新迈入快车道，层出不穷的新知识、新技术需要普及，因此，科普是永恒的事业。习近平总书记在 2016 年全国"科技三会"上指出："科技创新、科学普及是实现创新发展的两翼，要把科学普及放在与科技创新同等重要的位置。没有全民科学素质普遍提高，就难以建立起宏大的高素质创新大军，难以实现科技成果快速转化。"

　　科普图书是普及科学知识、弘扬科学精神、传播科学思想、倡导科学方法的重要载体。2018 年，为建设创新型国家和具有全球影响力的创新名城，提升市民科学素质，南京市科协开展了资助创新型科普图书工作，旨在通过此项工作，对那些具备科学性、思想性、艺术性、知识性，贴近大众、内容丰富的科普图书择优给予资助。

　　"千里之行，始于足下。"2018 年，经过单位申报、专家评审、社会公示等环节，《图说童趣二十四节气》《紫金山动植物资源》等首批科普图书获得了"南京市科协创新型科普图书创作"项目资助。今后，南京市科协将持续支持创新型科普图书的创作，期待广大科技工作者、科普工作者积极创作优质科普作品，繁荣科普事业，弘扬科学精神，培育创新文化，为建成创新型国家和世界科技强国的宏伟目标而不懈努力。

南京市科学技术协会

　　紫金山又名钟山,是钟山风景名胜区的主体,地处长江下游南岸六朝古都、十朝都会江苏省会南京市内,面积约 31 km²,主峰北高峰海拔 448.9 m,为宁镇山脉之最高峰。紫金山森林覆盖率达 80%,植被茂盛,林相优美,动植物资源丰富。这里拥有南京唯一的世界文化遗产明孝陵,还有全国重点文物保护单位 15 处。是中国首批国家级风景名胜区、首批国家 5A 级旅游景区、国家森林公园、"全国生态文化示范基地"、"中国旅游胜地四十佳"、"全国爱国主义教育示范基地"。丰富的人文景观资源与优美的森林环境相互映衬,塑造了国内唯一的融"山、水、城、林、园"于一体的旅游、生态、文化、休闲、科普之地。

　　紫金山植被资源以针叶林和针阔叶混交林为主,兼有阔叶林、落叶阔叶林、常绿-落叶阔叶混交林,同时分布有较大面积的茶园、梅园、桂园、竹林等,集中了亚热带江南低山丘陵地区主要的森林植被类型,生物多样性极为丰富。仅国家级保护动植物就有明党参、河麂、中华虎凤蝶等 20 余种。

　　为加强对紫金山野生动植物资源的保护,更好地开展森林旅游,普及生态知识和弘扬生态文明,中山陵园管理局、南京钟山文化研究会组织编写了本书。由于紫金山动植物种类繁多,以一本书的篇幅很难完整反映紫金山动植物种类的全貌,因此本书所选择的紫金山 200 种动植物大多为不同等级具有较强代表性的种类,以尽量涵盖更多的分类阶元。期待有更多的人关注野生动植物,了解和保护它们,同时,在缤纷的生物世界里,分享创造的神秘和探索的欢乐!感谢南京市科协立项支持。在林间调查和标本采集过程中,得到范明、刘光华、梅宁等人的帮助,在此表示诚挚的感谢!特别感谢本书所引用材料的作者!

本书成稿过程中,虽然数易其稿,但限于使用的资料和理解角度与水平,错、漏、不当之处在所难免,恳请读者批评指正。

编　者
2019 年 10 月

目录

一、自然地理概况

紫金山又名钟山,是钟山风景名胜区的主体,地处长江下游南岸,六朝古都江苏省会南京市内,以宁杭公路为南界,东至环陵路,北到宁栖路,西迄太平门、玄武湖,与南京古城墙毗邻。地理坐标为东经 $118°48'24''\sim118°53'04''$,北纬 $32°01'57''\sim32°16'15''$,包含中山陵、明孝陵、灵谷寺等著名景区,总面积共 3 008 hm^2。

紫金山山脉呈弧状,弧口向南,外观大略如笔架状,有三座山峰。第一峰称北高峰,海拔 448.9 m,相对高差约 420 m,为宁镇山脉最高峰。其东南为第二峰称小茅山,西为第三峰称天堡山。紫金山山脉呈东西走向,坡向南北,全山形似新月,在地质构造上为一单斜山。山顶部以坚硬的石英砾岩构成山脊,不易风化;山北是紫色粉砂岩、页岩,经长期风化、剥蚀,形成断崖峭壁。

紫金山四季分明,冬季多偏北风,夏季多东南风。年温差可达 25.8℃,极端最高温 43℃,极端最低温 −15.8℃,平均气温为 15.4℃,4∼11 月平均气温都在 20℃ 以上。全年积温(10℃ 以上)为 4 897℃。年降雨量 900∼1 000 mm,其中春、夏占 70%,秋、冬占 30%。紫金山土壤主要为黄棕壤和

黄褐土类。紫金山共有湖、涧、池、井、泉 42 处,水体总面积为 90.8 hm²,约占紫金山总面积的 3%。

二、动植物资源概况

紫金山地处北亚热带与暖温带的过渡地带,植物种类丰富,植被组成具有明显过渡性,是落叶阔叶林与常绿阔叶林混合生长的地区。植物景观主要有森林型(如紫金山森林现以落叶阔叶林和针阔叶混交林为主,在山南的纪念性景点周围栽植了一些常绿针叶树和阔叶树种)和园林型(如明孝陵景区梅花山和樱花园、灵谷寺景区的万株桂园等),其植物配置无论在群落结构,还是季相美及生态功能上,艺术效果均十分得体和多具特色。

根据紫金山植物资源调查的最新统计,紫金山共有蕨类植物 25 科 36 属 79 种(包括 2 变种);本地野生种子植物 113 科 386 属 701 种,包括 465 种草本植物和 236 种木本植物,其中裸子植物有 2 科 3 属 3 种,双子叶植物有 93 科 294 属 534 种,单子叶植物有 18 科 89 属 164 种。根据《中国植物红皮书》和《国家重点保护野生植物名录(第一批)》记载,紫金山共有国家保护植物(包括栽培植物)22 种:琅琊榆、秤锤树、宝华玉兰、青檀、短穗竹、明党参、银雀树、银杏、鹅掌楸、杜仲、水杉、秃杉、野大豆、红花木莲、南方红豆杉、香樟、榉树、金钱松、福建柏、喜树、金荞麦、野菱。其中,短穗竹、明党参、野大豆、榉树、野菱为本地野生植物,琅琊榆、秤锤树、青檀、银雀树、杜仲、南方红豆杉、香樟、喜树、金荞麦等在紫金山都能自然更新。此外,杜衡、紫金牛、红果榆、水冬瓜、紫楠、牛鼻栓、南京椴、南京珂楠树,这 8 种植物都为本地野生植物,属南京地区珍稀濒危植物。

紫金山动物资源也十分丰富。主要类型:昆虫有 15 目 150 科 847 属 1 188 种,其中双叉犀金龟、中华虎凤蝶为国家二级保护动物。另外还有很多昆虫为资源昆虫及有益昆虫,其中天敌昆虫有7目39科155属224种。江苏省昆虫新记录有200多种是在紫金山内发现的。鸟类有14目42科250余种,主要有山喜鹊、黄鹂、啄木鸟、白头翁、野鸡、山麻雀、四声杜鹃、翠鸟等,其中红隼、小鸦鹃、鸳鸯为国家二级保护动物。哺乳动物主要有野兔、黄鼠狼、狗獾、野猫、刺猬、河麂等,其中河麂为国家二级保护动物。爬行动物主要为蛇和蜥蜴,蛇主要有蝮蛇、水蛇、锦蛇、乌梢蛇、赤链蛇等,蜥蜴主要有壁虎。两栖类动物有青蛙、蟾蜍等。

一、生物的分界

自然界的物质分为生物和非生物两大类。

生物是具有新陈代谢、自我复制繁殖、生长发育、遗传变异、感应性和适应性等的生命现象。因此,生物世界也称生命世界(Vivicum)。全世界目前已鉴定的生物约 200 万种。

目前人们对生物的分界尚无统一的意见,主要的分类系统有:

(1) 两界系统:动物界、植物界。

(2) 三界系统:原生生物界、植物界、动物界。

(3) 四界系统:原核生物界、原始有核界、后生植物界、后生动物界。

(4) 五界系统:原核生物界、原生生物界、真菌界、植物界、动物界。

(5) 六界系统:非细胞总界(包括病毒界)、原核总界(包括细菌界和蓝藻界)、真核总界(包括植物界、真菌界和动物界)。

二、生物的分类等级

分类学家根据生物之间相同、相异的程度与亲缘关系的远近,使用不同等级特征,将生物逐级分类。

生物的分类阶元（分类等级 category）

界（Kingdom）

　门（Phylum）

　　纲（Class）

　　　目（Order）

　　　　科（Family）

　　　　　属（Genus）

　　　　　　种（Species）

三、物种的概念和命名

物种：是生物分类学的基本单位。物种是互交繁殖的相同生物形成的自然群体，与其他相似群体在生殖上相互隔离，并在自然界占据一定的生态位。

物种的命名：国际上除订立了分类阶元外，还统一规定了种和亚种的命名方法，以便于生物学工作者之间的交流。目前统一采用的物种命名法是"双名法"。

双名命名法（Binomial nomenclature，binominal nomenclature，binary nomenclature）：又称"二名法"，依照生物学上对生物种类的命名规则，所给定的学名形式，自林奈《植物种志》（*Species Plantarum*，1753）后，成为种的学名形式。每个物种的学名由两个部分构成：属名和种加词（种小名）。

例如：

蓝孔雀

界　　　动物界（Animalia）

门　　　脊索动物门（Chordata）

纲　　　鸟纲（Aves）

目	鸡形目(Galliformes)
科	雉科(Phasianidae)
属	孔雀属(*Pavo*)
种	蓝孔雀(*Pavo cristatus*)

中华虎凤蝶

界	动物界(Animalia)
门	节肢动物门(Arthropoda)
纲	昆虫纲(Insecta)
目	鳞翅目(Lepidoptera)
科	凤蝶科(Papilionidae)
属	虎凤蝶属(*Luehdorfia*)
种	中华虎凤蝶(*Luehdorfia chinensis*)

四、生物的进化

生物进化是指一切生命形态发生、发展的演变过程。

地球上的生命，从最原始的无细胞结构状态进化为有细胞结构的原核生物，从原核生物进化为真核单细胞生物，然后按照不同方向发展，出现了真菌界、植物界和动物界。植物界从藻类到裸蕨植物，再到蕨类植物、裸子植物，最后出现了被子植物。动物界从原始鞭毛虫到多细胞动物，从原始多细胞动物到出现脊索动物，进而演化出高等脊索动物——脊椎动物。脊椎动物中的鱼类又演化到两栖类再到爬行类，从中分化出哺乳类和鸟类，哺乳类中的一支进一步发展为高等智慧生物，这就是人。

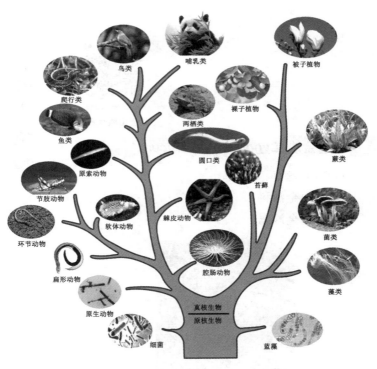

鸟类

哺乳类

被子植物

爬行类

裸子植物

鱼类

两栖类

蕨类

原索动物

圆口类

苔藓

节肢动物

软体动物

棘皮动物

菌类

环节动物

腔肠动物

藻类

扁形动物

原生动物

真核生物
原核生物

细菌

蓝藻

生物进化史

扫一扫,查看
紫金山植物资源

1 海金沙 *Lygodium japonicum*

别　名:吐丝草、龙须草

科　名:海金沙科

属　名:海金沙属

形态特征:陆生缠绕植物,南京地区分布的唯一的藤本蕨类植物,长可达 4 m。叶的羽片异形,分为不育叶和能育叶。不育羽片三角形,二回羽状,小羽片边缘有浅钝齿;可育羽片卵状三角形,小羽片边缘生有流苏状的孢子囊穗。

产地生境:广布于我国暖温带及亚热带,北到陕西及河南南部。常见于路边或溪旁山坡疏灌丛中。

　　用途:全草入药,有清凉镇静作用。李时珍的《本草纲目》记载:"本种甘寒无毒。"通利小肠,疗伤寒热狂,治湿热肿毒,小便热淋膏。

2　蕨 *Pteridium aquilinum* var. *Latiusculum*

科名:蕨科
属名:蕨属

　　形态特征:南京地区分布的一种比较高大的蕨类植物,高可达1 m。根茎长而横走,密被锈黄色柔毛。叶远生,叶柄粗壮,长25～50 cm,光滑,褐棕或棕禾秆色;叶片宽三角形或长圆三角形,三回羽状或四回羽裂。孢子囊群生于小脉顶端的连接脉上,沿叶缘分布;囊群盖线形,并有变形的叶缘反折而成假盖。

　　产地生境:全国各地都产,主要产于长江流域及以北地区,亚热带地区也有分布。喜生于山地阳坡及森林边缘阳光充足的地方。

　　用途:根状茎纤维可制缆绳,耐水湿;根状茎提取的淀粉称为"蕨粉",可食用;嫩叶可食,称"蕨菜"。

3　井栏边草 *Pteris multifida*

别名:凤尾草

科名:凤尾蕨科

属名:凤尾蕨属

形态特征:陆生中小型蕨类植物,植株高 30～60 cm。根状茎短而直立,先端被黑褐色鳞片。叶密而簇生,二型;能育叶片长卵形,一回羽状,小羽片线形,顶端渐尖而不齐,有细锯齿,向下为全缘;不育叶的羽片或小羽片较宽,边缘有不整齐的尖锯齿。

产地生境:产于河北(北戴河)、山东(泰山、崂山、鲁山)、河南(伏牛山、内乡、桐柏、商城)、陕西(秦岭)、四川(奉节、城口、酉阳、重庆、巴县、江安、长宁、峨眉山、乐山、康定)、贵州(思南、松桃、兴仁、望谟、独山、册亨)、广西、广东、福建、台湾、浙江、江苏、安徽、江西、湖南、湖北。生长于海拔 1 000 m 以下的阴湿山地、墙缝、井边、石灰岩或灌丛下。

用途:全草入药,能清热利湿、解毒、凉血、收敛、止血、止痢。井栏边草株形美观,叶形优雅,可盆栽观赏,园林上也可作地被植物栽培。

4 贯众 *Cyrtomium fortunei*

别 名:绵马鳞毛蕨、贯节、贯渠

科 名:鳞毛蕨科

属 名:贯众属

形态特征:植株高30～60 cm。根茎粗短,直立或斜升。叶簇生,奇数一回羽状复叶;羽片镰刀状披针形,基部上侧呈耳形凸起,下侧圆楔形,边缘有缺刻细锯齿;叶脉网状,有内藏小脉1～2条。孢子囊群生于内藏小脉顶端,盾状囊群盖圆形,棕色,全缘。

产地生境:产于河北(南五台)、山西南部(晋城)、陕西、甘肃南部、山东、江苏、安徽、浙江、江西、福建、台湾、河南、湖北、湖南、广东、广西、四川、贵州、云南。喜欢温暖湿润的半阴环境,耐寒性较强,较耐干旱。

用途:根状茎及叶柄残基可入药,具有清热解毒作用,可用于止血、驱虫等。贯众叶片秀美,耐半阴,园林上可作耐阴地被植物栽植。

5 苹 *Marsilea quadrifolia*

科名:苹科

属名:苹属

形态特征:小型水生植物。根状茎纤细,横走,具分枝,向下生出纤细须根。不育叶柄长 10～20 cm,顶端生倒三角形小叶 4 片,田字形排列,全缘;叶脉从小叶基部放射分叉成网状,无内藏小脉。孢子果卵圆形,长 2～4 mm,1～3 枚簇生于短柄上;孢子囊约有 15 个。

产地生境:广布于长江以南各省区,北达华北和辽宁,西到新疆。世界温热两带其他地区也有分布。生于水田或沟塘中,是水体中的有害杂草。

用途:全草入药,清热解毒,利水消肿,外用治疮痈、毒蛇咬伤。可作饲料。

6 马尾松 *Pinus massoniana*

别名:青松、山松、枞松(广东、广西)

科名:松科

属名:松属

形态特征:常绿乔木,树干较直;外皮深红褐色微灰,纵裂,长方形剥落;内皮枣红色微黄。针叶 2 针一束;雄球花淡红褐色,圆柱形,弯垂,聚生于新枝下部苞腋;雌球花单生或 2～4 个聚生于新枝近顶端,淡紫红色;一年生小球果圆球形或卵圆形,径约 2 cm,褐色或紫褐色,上部珠鳞的鳞脐具向上直立的短刺,下部珠鳞的鳞脐平钝无刺。

产地生境:马尾松分布极广,北自河南及山东南部,南至两广、湖南(慈利县)、台湾,东自沿海,西至四川中部及贵州,遍布于华中、华南各地。阳性树种,不耐荫,喜光、喜温;对土壤要求不严格,喜微酸性土壤,但怕水涝,不耐盐碱,在石砾土、沙质土、黏土、山脊和阳坡的冲刷薄地上,以及陡峭的石山岩缝里都能生长。

用途:为长江流域以南重要的荒山造林树种,园林上用在庭前、亭旁、假山之间孤植。

7　侧柏 *Platycladus orientalis*

别名:黄柏、扁桧

科名:柏科

属名:侧柏属

形态特征:乔木,高达 20 余米,胸径 1 m;树皮薄,浅灰褐色,纵裂成条片;枝条向上伸展或斜展,幼树树冠卵状尖塔形,老树树冠则为广圆形;生鳞叶的小枝细,向上直展或斜展,扁平,排成一平面;叶鳞形。雄球花黄色,卵圆形,长约 2 mm;雌球花近球形,径约 2 mm,蓝绿色,被白粉。球果近卵圆形,成熟前近肉质,蓝绿色,被白粉,成熟后木质,开裂,红褐色。种子卵圆形或近椭圆形,顶端微尖,灰褐色或紫褐色。花期 3～4 月,球果 10 月成熟。

产地生境:中国特产树种,除青海、新疆外,全国都有分布。耐旱耐寒。寿命很长,常有百年和数百年以上的古树。

用途:木材坚实耐用,可供建筑、器具、家具、农具及文具等用材。种子与生鳞叶的小枝入药,前者为强壮滋补药,后者为健胃药,又为清凉收敛药及淋证的利尿药。常栽培作庭园树,千头柏、金黄球柏、金塔柏、窄冠侧柏都是其园艺栽培变种。

8 圆柏 *Juniperus chinensis*

别名:柏树、桧、桧柏

科名:柏科

属名:圆柏属

形态特征:常绿乔木,树皮灰褐色,裂成长条片;幼树枝条斜上展,老树枝条扭曲状,大枝近平展。幼树之叶全为刺形,老树之叶刺形或鳞形或二者兼有;刺形叶常三枚轮生,稀交互对生,基部下延,无关节;鳞叶交互对生,稀三叶轮生。球花雌雄异株或同株,单生短枝顶;雄球花长圆形或卵圆形,雌球花有 4～8 对交互对生的珠鳞,或三枚轮生的珠鳞。球果当年、翌年或三年成熟,珠鳞发育为种鳞,肉质、不开裂。种子 1～6 粒,无翅。

产地生境:产于内蒙古乌拉山、河北、山西、山东、江苏、浙江、福建、安徽、江西、河南、陕西南部、甘肃南部、四川、湖北西部、湖南、贵州、广东、广西北部及云南等地。朝鲜、日本也有分布。喜光树种,较耐荫;喜温凉、温暖气候;对土壤要求不严,能生于酸性、中性及石灰性土壤上,对土壤的干旱及潮湿均有一定的抗性,但以在中性、深厚而排水良好处生长最佳。

用途:重要的材用树种、中国传统的园林树种;西北产区作水土保持及固沙防风林树种。

9　蕺菜　*Houttuynia cordata*

别名:鱼腥草、折耳根、侧耳根、狗贴耳

科名:三白草科

属名:蕺菜属

　　形态特征:多年生草本,高 30～60 cm,有腥臭味。茎下部伏地,节上轮生小根;上部直立,有时带紫红色。叶薄纸质,有腺点,卵形或阔卵形,基部心形,背面常呈紫红色;叶脉 5～7 条,全部基出。穗状花序生于茎顶,与叶对生,基部有 4 枚花瓣状苞片。蒴果卵圆形,顶端有宿存的花柱。花期 4～7 月。

　　产地生境:产于我国中部、东南至西南部地区,东起台湾,西南至云南、西藏,北达陕西、甘肃。生于沟边、溪边或林下湿地上。亚洲东部和东南部广布。

　　用途:全株入药,有清热、解毒、利水之效。全株可食,我国西南地区人民常作蔬菜或调味品。

10　丝穗金粟兰　*Chloranthus fortunei*

别名:水晶花、四块瓦

科名:金粟兰科

属名:金粟兰属

形态特征:多年生草本,高 15～40 cm;根状茎粗短,密生多数细长须根;茎直立。叶对生,通常 4 片生于茎上部,纸质,宽椭圆形、长椭圆形或倒卵形。穗状花序单一,由茎顶抽出;花白色,有香气;雄蕊 3 枚,药隔基部合生,伸长成丝状,直立或斜上,长 1～1.9 cm。核果球形,淡黄绿色,有纵条纹。花期 3～4 月,果期 5～6 月。

产地生境:产于山东、江苏、安徽、浙江、台湾、江西、湖北、湖南、广东、广西、四川。生于山坡或低山林下阴湿处和山沟草丛中,一般位于海拔 170～340 m 处。

用途:全草供药用,能抗菌消炎,活血散瘀。有毒,内服宜慎。

11 枫杨 *Pterocarya stenoptera*

别名:水花树、鬼头杨

科名:胡桃科

属名:枫杨属

形态特征:大乔木,高达 30 m,胸径达 1 m;幼树树皮平滑,浅灰色,老时则深纵裂。叶多为偶数或稀奇数羽状复叶,叶轴具翅;小叶 10～16 枚(稀 6～25 枚),无小叶柄,对生或稀近对生。雌雄同株异花,雄性柔荑花序长约 6～10 cm,单独生

于上年生枝条上叶腋内;雌性柔荑花序顶生。果实长椭圆形,
果翅 2 片,条形或阔条形,斜上开展。花期 4~5 月,果熟期
8~9 月。

产地生境:广布于西南和中部各省。生于海拔 1 500 m 以
下的沿溪涧河滩、阴湿山坡地的林中,耐水性强。

用途:园林上广泛栽植作庭园树或行道树。树皮和枝皮含
鞣质,可提取栲胶,亦可作纤维原料;果实可作饲料和酿酒,种子
还可榨油。幼树可作核桃砧木。

12　苦槠 *Castanopsis sclerophylla*

别名:血槠、苦槠栲
科名:壳斗科
属名:锥属

形态特征:常绿乔木,高达 20 m;树皮浅纵裂,片状剥落。叶二列,叶片革质,长椭圆形、卵状椭圆形或兼有倒卵状椭圆形;顶端渐尖或短尖,边缘或中部以上有锐锯齿,背面苍白色。雄穗状花序通常单穗腋生,雌花序长达 15 cm。果序长 8~15 cm,壳斗有坚果 1 个,偶有 2~3 个;壳斗杯形,全包或包着坚果的大部分;小苞片三角形,顶端针刺形,排列成 4~6 个同心环带;坚果近圆球形。花期 4~5 月,果当年 10~11 月成熟。

产地生境:产于长江以南、五岭以北各地,西南地区仅见于四川东部及贵州东北部。喜阳光充足,耐旱,是本属较耐寒的种类。

用途:优良用材树种。种仁(子叶)是制粉条和豆腐的原料,浸水脱涩后可做豆腐,制成的豆腐称为苦槠豆腐。

13 麻栎 *Quercus acutissima*

别名:青冈树、橡椀树
科名:壳斗科
属名:栎属

形态特征:落叶乔木;树皮暗灰色,浅纵裂;幼枝密被灰黄色柔毛,后脱落。叶通常为长椭圆状披针形,顶端长渐尖,基部圆或宽楔形,叶缘有长刺芒状锯齿,叶片两面同色;壳斗杯形,包着坚果约 1/2,小苞片钻形或扁条形,向外反曲,被灰白色绒毛;坚

果卵形或椭圆形,果脐突起。花期3~4月,果次年9~10月成熟。

产地生境:产于我国辽宁南部、华北各省及陕西、甘肃以南,黄河中下游及长江流域分布较多。阳性喜光,喜湿润气候;耐寒;耐干旱瘠薄,不耐水湿,不耐盐碱,在湿润、肥沃、深厚、排水良好的中性至微酸性沙壤土上生长最好,排水不良或积水地不宜种植。

用途:可作庭荫树、行道树,与枫香、苦槠、青冈等混植,可构成城市风景林;抗火、抗烟能力较强,也是营造防风林、防火林、水源涵养林的乡土树种;对二氧化硫的抗性和吸收能力较强,对氯气、氟化氢的抗性也较强,是环保树种;木材坚硬,可作建筑、枕木、车船、家具用材。

14 栓皮栎 *Quercus variabilis*

别名:软木栎、粗皮青冈

科名:壳斗科

属名:栎属

形态特征:落叶乔木;树皮黑褐色,深纵裂,木栓层发达;小枝灰棕色,无毛。叶片卵状披针形或长椭圆形,叶缘具刺芒状细锯齿,叶背密被灰白色星状绒毛;壳斗杯形,直径约2 cm,包坚果2/3以上,苞反曲;坚果卵球形或椭圆形,直径约1.5 cm,顶

圆微凹。花期 5 月,果次年 9～10 月成熟。

　　产地生境:分布广,北起辽宁,东南至广东、台湾,西至四川、云南。其中以鄂西、秦岭、大别山区为分布中心。喜光,常生于山地阳坡,但幼树以有侧方庇荫为好;对气候、土壤的适应性强。

　　用途:栓皮栎树干通直,秋季叶色转为橙褐色,季相变化明显,是良好的绿化观赏树种,孤植、丛植或与他树混交成林都很适宜;根系发达,适应性强,树皮不易燃烧,又是营造防风林、水源涵养林及防护林的优良树种;木材用途广泛。

15　白栎 *Quercus fabri*

　　科名:壳斗科
　　属名:栎属

　　形态特征:落叶乔木(常因砍伐呈灌木状),高达 20 m;树皮灰褐色,深纵裂;小枝密生灰色至灰褐色绒毛。冬芽卵状圆锥形,芽长 4～6 mm,芽鳞多数,被疏毛。叶片倒卵形、椭圆状倒卵形,叶缘具波状锯齿或粗钝锯齿,幼时两面被灰黄色星状毛;叶柄长 3～5 mm,被棕黄色绒毛。雄花序长 6～9 cm,花序轴被绒毛;雌花序长 1～4 cm,生 2～4 朵花。壳斗杯形,包着坚果约 1/3;小苞片卵状披针形,排列紧密,在口缘处稍伸出。坚果长椭圆形或卵状长椭圆形。花期 4 月,果期 10 月。

产地生境:分布于长江以南各省。喜阳,耐瘠薄,多见于丘陵山地。

用途:木材坚硬,可做器具及薪炭;种子可酿酒和食用;对有毒气体有一定抗性。

16　槲树 *Quercus dentata*

别名:大叶柞树、白柞树

科名:壳斗科

属名:栎属

形态特征:落叶乔木,树皮暗灰色,深纵裂。叶片多为长椭圆状倒卵形至倒卵形,顶端微钝或短渐尖,基部楔形或圆形,叶缘具波状钝齿。壳斗杯形,包着坚果约 1/2,直径 1.2～2 cm,长 1～1.5 cm。坚果椭圆形至卵形,直径 1.3～1.8 cm,长 1.7～2.5 cm,果脐微突起。花期4～5 月,果期9～10 月。

产地生境:主产中国北部地区,以河南、河北、山东、云南、山西等省山地多见,辽宁、陕西、湖南、四川等省也有分布。朝鲜、日本也有分布。河南省襄城县境内紫云山上分布的槲树林是目前保存最好的槲树林之一。强阳性树种,喜光、耐旱、抗瘠薄;适宜生长于排水良好的砂质壤土,在石灰性土、盐碱地及低湿涝洼处生长不良。

用途:槲树叶形奇特,秋季叶色呈鲜艳的紫红色,是美丽的秋季彩叶树种。木材可作建筑、家具等用材;种子可榨油也可酿酒,树皮含单宁;树叶在北方可以包粽子。

17 糙叶树 *Aphananthe aspera*

别 名:白鸡油、鸡油树、牛筋树、粗叶树
科 名:榆科
属 名:糙叶树属

形态特征:落叶乔木,高达 25 m;树皮褐色或灰褐色。叶纸质,卵形或卵状椭圆形,三出脉,叶面被刚伏毛,粗糙;花单性,雌雄同株;核果近球形、椭圆形或卵状球形,熟时紫黑色。花期3～5月,果期8～10月。

产地生境:广泛分布于中国东北部及黄河以南地区,尤以长江流域以南诸省区更为普遍。喜光也耐阴,喜温暖湿润的气候和深厚肥沃砂质壤土,对土壤的要求不严,但不耐干旱、瘠薄;抗烟尘和有毒气体。常生长在村边、河边、林中、路边、丘陵疏林中、山谷密林下、山坡林中、山坡路边、山坡疏林中、山坡杂木林中、石地、向阳林缘。

用途:树冠广展,苍劲挺拔,枝叶茂密,浓荫盖地,是良好的四旁绿化树种,宜植于河边溪畔土壤湿润之地;茎皮可制纤维;叶做土农药,治棉蚜虫;木材坚实耐用,可制农具;枝皮纤维供制人造棉、绳索用;叶可作马饲料;干叶面粗糙,供铜、锡和牙角器等摩擦用。

18 榔榆 *Ulmus parvifolia*

别名：小叶榆

科名：榆科

属名：榆属

形态特征：落叶乔木，高达 25 m；树皮灰色或灰褐，裂成不规则鳞状薄片剥落，露出红褐色内皮，近平滑，微凹凸不平；叶质地厚，披针状卵形或窄椭圆形；翅果椭圆形或卵状椭圆形。花秋季开放，花果期 8～10 月。

产地生境：分布于河北、山东、江苏、安徽、浙江、福建、台湾、江西、广东、广西、湖南、湖北、贵州、四川、陕西、河南等省区。日本、朝鲜也有分布。喜光，耐干旱，在酸性、中性及碱性土上均能生长，但以气候温暖、土壤肥沃、排水良好的中性土壤为最适宜的生境。

用途：园林上用在庭院中孤植、丛植，或与亭榭、山石配置都很合适；也可选作矿区绿化树种。木材可供工业用材；茎皮纤维可作绳索和人造纤维;根、皮、嫩叶入药;叶制土农药,可杀红蜘蛛。

19　朴树 *Celtis sinensis*

别名:黄果朴、白麻子、朴、朴榆、朴仔树、沙朴

科名:榆科

属名:朴属

形态特征:落叶乔木;树皮平滑,灰色;一年生枝被密毛;叶互生,叶柄长,叶片革质,宽卵形至狭卵形,三出脉;花杂性(两性花和单性花同株);果柄较叶柄近等长;核果单生或 2 个并生,近球形,成熟时黄色至橙黄色。花期 6～7 月,果熟期 10～11 月。

产地生境:分布于淮河流域、秦岭以南至华南各省区,长江中下游和以南诸省区,以及台湾地区。越南、老挝也有分布。喜光,喜温暖湿润气候;对土壤要求不严,有一定的耐干旱能力,亦耐水湿及瘠薄土壤,适应力较强。

用途:朴树是园林上广泛应用的树种,主要用于绿化道路、栽植公园小区、作景观树等;对二氧化硫、氯气等有毒气体的抗性强,是环保树种。

20 桑 *Morus alba*

别名:家桑、桑树

科名:桑科

属名:桑属

　　形态特征:落叶乔木或灌木,高达 15 m 或更高,胸径可达 50 cm;树皮厚,灰色,具不规则浅纵裂。叶卵形或广卵形。花单性异株,腋生的柔荑花序与叶同时生出;雄花序下垂,长 2～3.5 cm,密被白色柔毛;雌花序长 1～2 cm,无花柱,柱头二裂。聚花果卵状椭圆形,长 1～2.5 cm,成熟时红色或暗紫色。花期4～5月,果期 5～8 月。

　　产地生境:本种原产于我国中部和北部,现由东北至西南各省区,西北直至新疆均有栽培。朝鲜、日本、蒙古、印度、越南以及欧洲等地亦均有栽培。适应性强,通常生于山林中和路旁。

　　用途:树皮纤维柔细,可作纺织原料、造纸原料。根皮、果实及枝条可入药。叶为养蚕的主要饲料,亦作药用,并可作土农药。木材坚硬,可制家具、乐器等。桑椹可以酿酒,称桑子酒。

21 构树 *Broussonetia papyrifera*

别名:构桃树、构乳树、楮树、楮实子、沙纸树、谷木、谷浆树、假杨梅

科名:桑科

属名:构属

形态特征:落叶乔木,高 10～20 m;小枝密生柔毛;树冠张开,卵形至广卵形;树皮平滑,浅灰色或灰褐色,不易裂;全株含乳汁;叶卵圆至阔卵形;花雌雄异株,雄花序为柔荑花序,雌花序球形头状;聚花果球形,熟时橙红色或鲜红色。花期 4～5 月,果期 7～9 月。

产地生境:在中国的温带、热带均有分布。印度缅甸、泰国、越南、马来西亚、日本、朝鲜也有分布。构树为强阳性树种,喜光;适应性强,耐干旱瘠薄,也能生于水边;多生于石灰岩山地,也能在酸性土及中性土上生长;耐烟尘,抗大气污染力强。

用途:叶是很好的猪饲料,韧皮纤维是造纸的高级原料,根和种子均可入药,经济价值很高。

22 杜衡 *Asarum forbesii*

科名:马兜铃科

属名:细辛属

形态特征:多年生草本。根状茎短,根丛生,稍肉质。叶片阔心形至肾心形,长和宽各为3～8 cm,先端钝或圆,基部心形;叶面深绿色,中脉两旁有白色云斑,叶背浅绿色。花暗紫色,花梗长1～2 cm;花被管钟状或圆筒状。蒴果肉质。花期4～5月。

产地生境:产于江苏、安徽、浙江、江西、河南南部、湖北及四川东部。喜阴湿并有腐殖质的林下或草丛中。

用途:全草入药,称为"马辛",有散寒止咳、祛风止痛的功效。

23　红蓼 *Polygonum orientale*

别名:水红、水红子

科名:蓼科

属名:蓼属

形态特征:一年生草本。茎直立,粗壮,高1～2 m,密被开展的长柔毛。叶宽卵形、宽椭圆形或卵状披针形,顶端渐尖,基部圆形或近心形,微下延,边缘全缘,密生缘毛,两面密生短柔毛,叶脉上密生长柔毛;托叶鞘筒状,膜质,被长柔毛,具长缘毛,通常沿顶端具草质、绿色的翅。总状花序呈穗状,顶生或腋生,花紧密,微下垂,通常数个再组成圆锥状;花被五深裂,淡红色或白色;花被片椭圆形。瘦果近圆形,双凹,包于宿存花被内。花期6～9月,果期8～10月。

产地生境:除西藏外,广布于全国各地,野生或栽培。生于山谷或路边阴湿草地。

用途:果实入药,名"水红花子",有活血、止痛、消积、利尿的功效。

24 何首乌 *Fallopia multiflora*

别名:首乌、紫乌藤

科名:蓼科

属名:何首乌属

形态特征:多年生草本。块根肥厚,长椭圆形,黑褐色。茎缠

绕,长 2～4 m,多分枝,具纵棱,下部木质化。叶卵形或长卵形,基部心形或近心形。花序圆锥状,顶生或腋生,长 10～20 cm;苞片三角状卵形,具小突起,顶端尖,每苞内具 2～4 朵花;花梗细弱,长 2～3 mm,下部具关节,果时延长;花被五深裂,白色或淡绿色。瘦果卵形,具三棱,包于宿存花被内。花期 8～9 月,果期 9～10 月。

产地生境:产自陕西南部、甘肃南部、华东、华中、华南、四川、云南及贵州。喜生于山谷灌丛、山坡林下、沟边石隙。

用途:块根入药,药材名为"何首乌",为滋补强壮剂;茎藤药材名为"夜交藤",可治失眠症。

25 马齿苋 *Portulaca oleracea*

别名:马菜、马齿菜、酱瓣头草
科名:马齿苋科
属名:马齿苋属

形态特征:一年生草本,全株无毛。茎平卧或斜倚,伏地铺散,多分枝,圆柱形,淡绿色或带暗红色。叶片扁平,肥厚,倒卵形,似马齿状,顶端圆钝或平截,有时微凹。花无梗,常 3～5 朵簇生枝端,午时盛开;花瓣 5 瓣,稀 4 瓣,黄色,倒卵形,顶端微凹,基部合生。蒴果卵球形。花期 5～8 月,果期 6～9 月。

产地生境:我国南北各地均产。广布全世界温带和热带地区。喜肥沃土壤,耐旱亦耐涝,生活力强,生于菜园、农田、路旁,为田间常见杂草。

用途:全草供药用,有清热利湿、解毒消肿、消炎、止渴、利尿作用;种子明目;还可作兽药和农药;嫩茎叶可作蔬菜,味酸,也是很好的饲料。

26　天葵 *Semiaquilegia adoxoides*

别名:千年老鼠屎、耗子屎、紫背天葵

科名:毛茛科

属名:天葵属

形态特征:块根外皮棕黑色。茎细弱,高 10～30 cm。基生叶为掌状三出复叶,小叶扇状菱形或倒卵状菱形;茎生叶与基生叶相似,惟较小。花小,直径 4～6 mm;萼片白色,常带淡紫色;花瓣匙形,淡黄色。蓇葖果卵状长椭圆形。

产地生境:分布于四川、贵州、湖北、湖南、广西北部、江西、福建、浙江、江苏、安徽、陕西南部。日本也有分布。喜生于山坡、林下阴湿处。

用途:块根叫"天葵子",是一种较常用的中药材,有小毒,可治疗乳腺炎、扁桃体炎、淋巴结结核、跌打损伤等症。块根也可作土农药。

27 猫爪草 *Ranunculus ternatus*

别名：小毛茛

科名：毛茛科

属名：毛茛属

形态特征：一年生草本。肉质小块根数个，近纺锤形，顶端质硬，形似猫爪，故名"猫爪草"。茎铺散，多分枝，较柔软。基生叶有长柄，叶片形状多变，单叶或三出复叶，宽卵形至圆肾形。花单生茎顶和分枝顶端，花瓣5～7瓣或更多，黄色或后变白色，倒卵形，基部有袋状蜜腺。瘦果卵球形，喙细短。花期早，春季3月开花，果期4～7月。

产地生境：在我国分布于广西、台湾、江苏、浙江、江西、湖南、安徽、湖北、河南等地。生于平原湿草地或田边荒地。

用途：块根药用，内服或外敷，能散结消瘀，主治淋巴结结核。

28 木通 *Akebia quinata*

别名：野木瓜、八月炸、八月瓜、野香蕉

科名：木通科

属名：木通属

形态特征:落叶木质藤本。茎纤细,圆柱形,缠绕,茎皮灰褐色,有圆形、小而凸起的皮孔。掌状复叶互生或在短枝上簇生,通常有小叶 5 片。雌雄异花,总状花序腋生,疏花,基部有雌花 1～2 朵,以上 4～10 朵为雄花,花略芳香;雄花的萼片通常为 3 片,淡紫色,偶有淡绿色或白色;雌花的萼片为暗紫色,偶有绿色或白色。果孪生或单生,长圆形或椭圆形,成熟时紫色,腹缝开裂。花期 4～5 月,果期 6～8 月。

产地生境:产于我国长江流域各省区。日本和朝鲜有分布。生于山地灌木丛、林缘和沟谷中。

用途:茎、根和果实药用,利尿、通乳、消炎,治风湿关节炎和腰痛;果味甜可食,种子榨油,可制肥皂。

29　南天竹 *Nandina domestica*

别名:南天竺、红杷子、天烛子、红枸子、钻石黄、天竹、兰竹

科名:小檗科

属名:南天竹属

形态特征:常绿小灌木,高 1～3 m。茎常丛生而少分枝,光滑无毛,幼枝常为红色,老后呈灰色。叶互生,集生于茎的上部,三回羽状复叶,冬季变红色。圆锥花序直立,花小,白色,具芳香。浆果球形,直径 5～8 mm,熟时鲜红色,稀橙红色。种子扁

圆形。花期3～6月,果期5～11月。

产地生境:产于陕西、河南、河北、山东、湖北、江苏、浙江、安徽、江西、广东、广西、云南、贵州、四川等省。日本、印度也有种植。喜温暖及湿润的环境,比较耐阴,也耐寒;栽培土要求肥沃、排水良好的沙质土壤;对水分要求不甚严格,既能耐湿也能耐旱。

用途:全株供药用,木材可作小型雕刻材料。秋冬叶色变红,红果累累,经久不落,是园林上常用的优良的赏叶观果植物。

30 山胡椒 *Lindera glauca*

别名:牛筋树、假死柴、野胡椒、香叶子

科名:樟科

属名:山胡椒属

形态特征:落叶灌木或小乔木,高可达 5～6 m;树皮灰白色,嫩枝带红色;单叶互生,阔椭圆形至倒卵形,全缘,下面淡绿色,被白色柔毛;伞形花序腋生,花黄色;核果球形,成熟时黑色。

产地生境:产于山东昆嵛山以南、河南嵩县以南、陕西郧阳以南,以及甘肃、山西、江苏、安徽、浙江、江西、福建、广东、广西、湖北、湖南、四川等省区。越南、老挝、柬埔寨、朝鲜、日本也有分布。生于海拔 900 m 左右以下的山坡、林缘、路旁。阳性树种,喜光照,也稍耐阴湿,抗寒力强,以湿润肥沃的微酸性砂质土壤生长最为良好。

用途:园林中利用其直立性及叶面深绿、秋季变彩、冬季枯叶不落的习性,可作绿篱、林缘或墙垣的装饰。

31 紫楠 *Phoebe sheareri*

别名:黄心楠

科名:樟科

属名:楠属

形态特征:常绿大灌木至乔木,高 5～15 m,树皮灰白色。小枝、叶柄及花序密被黄褐色或灰黑色柔毛或绒毛。叶革质,倒卵形、椭圆状倒卵形或阔倒披针形,先端突渐尖或突尾状渐尖,基部渐狭,上面完全无毛或沿脉上有毛,下面密被黄褐色长柔

毛。圆锥花序在顶端分枝。果卵形。花期 4～5 月,果期 9～10 月。

产地生境:产于长江流域及以南地区。生于较阴湿、排水良好的山坡、谷地杂木林中。

用途:木材纹理直,结构细,材质中等,可作建筑、造船、家具等用材。园林上可作常绿树种栽培。

32 延胡索 *Corydalis yanhusuo*

别名:元胡
科名:罂粟科
属名:紫堇属

形态特征:多年生草本,高 10～30 cm。块茎圆球形。茎直立,常分枝。叶二回三出或近三回三出,小叶三裂或三深裂,具全缘的披针形裂片。总状花序疏生 5～15 朵花,花紫红色。外花瓣宽展,具齿,顶端微凹,具短尖;上花瓣瓣片与距常上弯,距圆筒形,蜜腺体约贯穿距长的 1/2,末端钝;下花瓣具短爪,向前渐增大成宽展的瓣片;内花瓣爪长于瓣片。蒴果线形,具 1 列种子。

产地生境:产于安徽、江苏、浙江、湖北、河南。生于丘陵山地落叶阔叶林下。

用途:块茎为著名的常用中药,含20多种生物碱,用于行气止痛、活血散瘀、跌打损伤等。中药延胡索又名"茅山玄胡索",始见于清代李中立的《本草原始》,自明代以来,延胡索产地南下,"茅山延胡索"和"西延胡索"并称于世。"茅山玄胡索皮青黄,肉黄,形小而坚,此品最佳""西玄胡索大而皮黑,肉黄,此样力微",显然它是产于新疆的薯根延胡索和长距延胡索及其邻近种。唐宋以前的延胡索产于东北和华北,产地南下而为"茅山玄胡素"所取代,西迁而为"西玄胡索"所更替,实因宋室南迁,北方商道堵塞后形成的。现在我们知道延胡索产于南方,但却不知道古代延胡索产于北方,而将其视为代用品了。

延胡索也是紫金山早春野生地被花卉的最优势种类,在紫金山北坡的落叶阔叶林下大片分布,构成了紫金山早春美丽的地被花卉景观。园林上可作为早春地被花卉引种栽培。

33 紫堇 *Corydalis edulis*

别名:蝎子花、麦黄草、断肠草、闷头花
科名:罂粟科
属名:紫堇属

形态特征:一年生草本,根细长,绳索状。茎分枝,具叶;花枝花葶状,常与叶对生。基生叶具长柄,叶片近三角形,长5～9 cm,

上面绿色,下面苍白色;茎生叶与基生叶同形。总状花序具3～10
朵花,花粉红色至紫红色,平展。外花瓣较宽展,顶端微凹,无鸡
冠状突起;距圆筒形,基部稍下弯,约占花瓣全长的1/3;蜜腺体
长,近伸达距末端,大部分与距贴生,末端不变狭。下花瓣近基
部渐狭。内花瓣具鸡冠状突起,爪纤细,稍长于瓣片。蒴果线
形,下垂,具1列种子。

产地生境:我国长江中下游各省,北至河南和陕西南部都有
分布。生于丘陵、沟边或多石地。

用途:全草药用,能清热解毒、止痒、收敛、固精、润肺、止咳。
紫堇是美丽的春季野生地被花卉。本种能作蔬菜,并易于
栽培。据吴征镒考证:"堇"字古通"芹"字,诗经 "堇荼如饴",说
明古代食用的"芹"即紫堇,为古时蔬菜。后世渐为伞形科水芹
(*Oenanthe javanica*) 所替代。现在各地广为食用的芹菜
(*Apium graveolens*)则系从西方传入的,初称荷兰芹或洋芹菜。
近来本种作为蔬菜栽培已绝迹,作为野菜用的也很少见。

34　黄堇 *Corydalis pallida*

别名:山黄堇、球果黄堇、黄花地丁

科名:罂粟科

属名:紫堇属

形态特征:灰绿色丛生草本,高 20~60 cm,具主根,少数侧根发达,呈须根状。叶二至三回羽状全裂。总状花序顶生和腋生,疏具多花和或长或短的花序轴。花黄色至淡黄色,较粗大,平展。外花瓣顶端勺状,具短尖,无鸡冠状突起,或有时仅上花瓣具浅鸡冠状突起;距约占花瓣全长的 1/3,背部平直,腹部下垂,稍下弯;蜜腺体约占距长的 2/3,末端钩状弯曲。下花瓣具鸡冠状突起,爪约与瓣片等长。蒴果线形,念珠状。

产地生境:产于我国黑龙江、吉林、辽宁、河北、内蒙古、山西、山东、河南、陕西、湖北、江西、安徽、江苏、浙江、福建、台湾。生于林间空地、火烧迹地、林缘、河岸或多石坡地。

用途:是美丽的春季野生地被花卉。全草含原阿片碱,服后能使人畜中毒,但亦有清热解毒和杀虫的功能。

35 诸葛菜 *Orychophragmus violaceus*

别名:二月兰、紫金草

科名:十字花科

属名:诸葛菜属

形态特征:一年或二年生草本,高 10~50 cm,有白粉。茎单一,直立,基部或上部稍有分枝,浅绿色或带紫色。基生叶及下部茎生叶大头羽状全裂。总状花序顶生,花紫色、浅红色或褪成白色。长角果线形,略有四棱;果瓣中脉明显,有钻状喙。花期3～4月,果期5～6月。

产地生境:辽宁、河北、山西、山东、河南、安徽、江苏、浙江、湖北、江西、陕西、甘肃、四川等地都有分布。野生于平原、山地、路旁或地边。

用途:花供观赏,是春季美丽的地被观赏花卉。嫩茎叶可作野菜食用。种子可榨油。

36 荠 *Capsella bursa-pastoris*

别名:荠菜、菱角菜
科名:十字花科
属名:荠属

形态特征:一年或二年生草本,无毛、有单毛或分叉毛;茎直立,单一或从下部分枝。基生叶莲座状,大头羽状分裂;茎生叶窄披针形或披针形,基部箭形,抱茎,边缘有缺刻或锯齿。总状花序顶生及腋生,花瓣白色,有短爪。短角果倒三角形或倒心状三角形。花果期3～6月。

产地生境:全世界温带地区广布。生于山坡、田边及路旁。

用途:全草入药,有利尿、止血、清热、明目、消积的功效;茎叶可作蔬菜食用;种子含油20%～30%,属干性油,供制油漆及肥皂用。

37 垂盆草 *Sedum sarmentosum*

别名:狗牙齿、狗牙半枝莲

科名:景天科

属名:景天属

形态特征:多年生草本。不育枝匍匐而节上生根,结实枝直立。三叶轮生,叶倒披针形至长圆形。聚伞花序,有3~5个分枝,花少。花期5~7月,果期8月。

产地生境:各地常见,我国南北都有分布。生于山坡阳处或石上。

用途:全草药用,能清热解毒,也是治疗肝炎的有效药材。

38 虎耳草 *Saxifraga stolonifera*

别名:石荷叶、金线吊芙蓉、老虎耳、天荷叶、金丝荷叶

科名:虎耳草科

属名:虎耳草属

形态特征:多年生常绿草本,鞭匐枝细长,密被卷曲长腺毛,具鳞片状叶。茎被长腺毛,具1~4枚苞片状叶。基生叶具长柄,叶片近心形、肾形至扁圆形,被腺毛,背面通常呈红紫色。聚伞花序圆锥状,具2~5朵花,花两侧对称;花瓣白色,中上部具

紫红色斑点,基部具黄色斑点,5 枚,下面两瓣大于其他 3 瓣。花果期 4～11 月。

产地生境:长江流域、华南、西南、华东至陕西等省都有分布。野生于阴湿山坡、石缝中。

用途:全草药用,有清热解毒、祛风止痛的功效。也是美丽的地被观赏花卉,园林上可作耐阴的林下地被栽培。

39 枫香树 *Liquidambar formosana*

别名:枫香、香枫
科名:金缕梅科
属名:枫香树属

形态特征:落叶乔木,高可达 30 m;树皮灰褐色,方块状剥落;小枝干后灰色,被柔毛,略有皮孔;叶薄革质,阔卵形,掌状 3

裂,中央裂片较长,基部心形,掌状脉 3～5 条;雌雄异花,雄性短穗状花序常多个排成总状,雌性头状花序有花 24～43 朵;头状果序圆球形,有宿存花柱及针刺状萼齿;种子多数,褐色,多角形或有窄翅。

产地生境:产于中国秦岭及淮河以南各省,北起河南、山东,东至台湾,西至四川、云南及西藏,南至广东;亦见于越南北部、老挝及朝鲜南部。喜温暖湿润气候;性喜光,幼树稍耐阴;耐干旱瘠薄土壤,不耐水涝。

用途:枫香树干高且直,树冠宽阔,气势雄伟,深秋叶色红艳,美丽壮观,是南方著名的秋色叶树种。可在我国南方低山、丘陵地区营造风景林,亦可在园林中栽作庭荫树,或于草地孤植、丛植,或于山坡、池畔与其他树木混植,秋季红绿相衬,格外美丽,陆游有"数树丹枫映苍桧"的诗句。枫香具有较强的耐火性和对有毒气体的抗性,可用于厂矿区绿化。但不耐修剪,大树移植又比较困难,故一般不用作行道树。

40 火棘 *Pyracantha fortuneana*

别名:火把果、救军果、救命粮

科名:蔷薇科

属名:火棘属

形态特征:常绿灌木,高达 3 m。侧枝短,先端呈刺状,嫩枝外被锈色短柔毛,老枝暗褐色,无毛。叶片倒卵形或倒卵状长圆形,先端圆钝或微凹,有时具短尖头。花集成复伞房花序,花瓣白色,近圆形。梨果近球形,橘红色或深红色。花期 3~5 月,果期 8~11 月。

产地生境:产于陕西、河南、江苏、浙江、福建、湖北、湖南、广西、贵州、云南、四川、西藏等省区。生于山地、丘陵地阳坡灌丛草地及河沟路旁。

用途:果可食、可酿酒。根入药,治虚劳潮热、跌打损伤、筋骨疼痛。春可观花,秋冬可观果,是园林上常用的景观树种,可作绿篱、观花、观果植物栽培。

41 石楠 *Photinia serratifolia*

别名:千年红、扇骨木、笔树、石眼树

科名:蔷薇科

属名:石楠属

形态特征:常绿灌木或小乔木,通常高 4~6 m,有时高达 12 m,枝光滑;叶片革质,长椭圆形、长倒卵形或倒卵状椭圆形;复伞房花序多而密,花白色;梨果近球形,红色,后变紫褐色。花期 4~5 月,果期 10 月。

产地生境:产于我国陕西、甘肃、河南、江苏、安徽、浙江、江西、湖南、湖北、福建、台湾、广东、广西、四川、云南、贵州。日本、印度尼西亚也有分布。喜光也耐阴；喜温暖湿润气候，抗寒力不强；对土壤要求不严，以肥沃湿润的沙质土壤最为适宜；对烟尘和有毒气体有一定的抗性。

用途：石楠木材紧密，可制车轮及器具柄；种子榨油供制油漆、肥皂或润滑油用。可作枇杷的砧木，用石楠嫁接的枇杷寿命长，耐瘠薄土壤，生长强壮。在园林上是一种观赏价值极高的常绿阔叶乔木，可观花、观叶、观果，常用作庭荫树或绿篱栽植；也是环保树种。

42 野蔷薇 *Rosa multiflora*

别名：蔷薇、多花蔷薇、刺花

科名：蔷薇科

属名：蔷薇属

形态特征：攀缘灌木，小枝圆柱形，通常无毛，有短、粗稍弯曲皮束。小叶 5～9 枚，近花序的小叶有时为 3 枚，连叶柄长 5～10 cm；小叶片倒卵形、长圆形或卵形，长 1.5～5 cm，宽 8～28 mm，先端急尖或圆钝，基部近圆形或楔形，边缘有尖锐单锯齿，稀混有重锯齿，上面无毛，下面有柔毛；小叶柄和叶轴有柔毛或无毛，有散生腺毛；托叶篦齿状，大部贴生于叶柄，边缘有或无腺毛。花多朵，排成圆锥状花序，花梗长 1.5～2.5 cm，无毛或

有腺毛,有时基部有篦齿状小苞片;花直径1.5～2 cm,萼片披针形,有时中部具2个线形裂片,外面无毛,内面有柔毛;花瓣白色,宽倒卵形,先端微凹,基部楔形;花柱结合成束,无毛,比雄蕊稍长。果近球形,直径6～8 mm,红褐色或紫褐色,有光泽,无毛,萼片脱落。

产地生境:分布于华北、华东、华中和西南等地。生于旷野、路边或林缘。

用途:根、叶、花和种子均可入药,根能活血通络,叶外用治肿毒,种子称"营实",能峻泻、利水、通经。是美丽的蔓性灌木花卉,在园林上得到广泛应用,常栽培作绿篱、护坡及棚架绿化材料。

43 蓬蘽 *Rubus hirsutus*

别名:三月泡、泼盘
科名:蔷薇科
属名:悬钩子属

形态特征:小灌木,茎被柔毛和腺毛,疏生小皮刺。小叶3～5枚,卵形或宽卵形,顶生小叶较大,均具柔毛和腺毛,并疏生皮刺;托叶披针形或卵状披针形,两面具柔毛。花常单生于侧枝顶端,也有腋生;花萼外密被柔毛和腺毛;萼片卵状披针形或三角披针形,顶端长尾尖,外面边缘被灰白色绒毛,花后反折;花瓣倒卵形或近圆形,白色,基部具爪。聚合果近球形,直径1~2 cm,成熟时鲜红色。花期3~4月,果期5~6月。

　　产地生境:产于河南、江西、安徽、江苏、浙江、福建、台湾、广东。生于山坡路旁阴湿处或灌丛中。

　　用途:果实酸甜可口,是一种美味的野果。全株及根入药,能消炎解毒、清热镇惊、活血及祛风湿。

44　山莓 *Rubus corchorifolius*

　　别名:树莓、牛奶泡、三月泡、四月泡
　　科名:蔷薇科
　　属名:悬钩子属

　　形态特征:落叶小灌木,高1~3 m。枝具皮刺,幼时被柔毛。单叶,卵形至卵状披针形,沿中脉疏生小皮刺,边缘不分裂或3裂,通常不育枝上的叶3裂。花单生或少数生于短枝上,花瓣长圆形或椭圆形,白色,顶端圆钝。聚合果由很多小核果组成,近球形或卵球形。花期2~3月,果期4~6月。

　　产地生境:除东北、甘肃、青海、新疆、西藏外,全国均有分布。生于向阳山坡、溪边、山谷、荒地和疏密灌丛中潮湿处。

　　用途:果味甜美,含糖、苹果酸、柠檬酸及维生素C等,可供

生食、制果酱及酿酒。果、根及叶入药,有活血、解毒、止血之效;根皮、茎皮、叶可提取栲胶。

45 蛇莓 *Duchesnea indica*

别名:蛇果果、蛇泡草

科名:蔷薇科

属名:蛇莓属

形态特征:多年生草本。根茎短,粗壮;匍匐茎多数,长30~100 cm。小叶片倒卵形至菱状长圆形,托叶窄卵形至宽披针形。花单生于叶腋,黄色,先端圆钝。花托在果期膨大,海绵质,鲜红色,有光泽。瘦果卵形,与膨大的花托一起形成聚合瘦果。花期3~6月,果期5~10月。

产地生境:产于我国辽宁以南各省区。野生于山坡、路旁、沟边或田埂杂草。

用途:全草药用,能散瘀消肿、收敛止血、清热解毒。茎叶捣敷治疔疮有特效,亦可敷蛇咬伤、烫伤、烧伤。果实煎服能治支气管炎。全草水浸液可防治农业害虫,杀蛆、孑孓等。

46 豆梨 *Pyrus calleryana*

别名:鹿梨、棠梨、野梨、鸟梨

科名:蔷薇科

属名:梨属

形态特征:落叶乔木,高5～8 m。小枝粗壮,圆柱形,在幼嫩时有绒毛,后脱落。叶片宽卵形至卵形,稀长椭卵形。伞形总状花序,具花6～12朵;花瓣卵形,白色。梨果球形,直径约1 cm,黑褐色,有斑点。花期4月,果期8～9月。

产地生境:原产于我国华东、华南各地,越南有分布,有若干变种。常野生于温暖潮湿的山坡、沼地、杂木林中。喜光,稍耐阴,不耐寒,耐干旱瘠薄;对土壤要求不严,在碱性土中也能生长;深根性,具抗病虫害能力,生长较慢。

用途:可用作嫁接西洋梨等的砧木;根、叶、果均可入药;果可酿酒。

47 葛 *Pueraria montana*

别名:葛藤、葛根、粉葛藤

科名:豆科

属名:葛属

形态特征:粗壮藤本,全体被黄色长硬毛,有粗厚的块状根。羽状复叶具3枚小叶,顶生小叶宽卵形或斜卵形,下面有粉霜;侧生小叶斜卵形。总状花序长15～30 cm,腋生,中部以上有颇密集的花;花冠紫红色,旗瓣倒卵形,基部有二耳及一黄色硬痂状附属体;翼瓣镰状,较龙骨瓣为狭,基部有线形、向下的耳;龙骨瓣镰状长圆形,基部有极小、急尖的耳。荚果线形,扁平,被褐色长硬毛。花果期8～11月。

产地生境:除新疆、青海及西藏外,几乎分布于全国各地。多生长在山坡或疏林中。繁衍能力强大,在某些林区形成生物入侵,已被列为本土林业有害植物。

用途:葛根供药用,有解表退热、生津止渴、止泻的功能,并能改善高血压引起的头晕、头痛、耳鸣等症状。茎皮纤维供织布和造纸用,古代应用很广;葛衣、葛巾均为平民服饰,葛纸、葛绳应用也很久,葛粉用于解酒。

48 黄檀 *Dalbergia hupeana*

别名:不知春、望水檀、檀树、檀木、白檀

科名:豆科

属名:黄檀属

形态特征:落叶乔木,树皮暗灰色;羽状复叶,小叶 3～5 对,近革质;圆锥花序,花冠淡紫色或白色;荚果长圆形或阔舌状。花果期 5～10 月。

产地生境:产于山东、江苏、安徽、浙江、江西、福建、湖北、湖南、广东、广西、四川、贵州、云南,平原及山区均可生长。喜光;耐干旱瘠薄,不择土壤,但以在深厚湿润、排水良好的土壤生长较好,忌盐碱地;深根性,萌芽力强。

用途:荒山荒地绿化的先锋树种;也是园林应用优质树种,可作庭荫树、风景树、行道树、石灰质土壤绿化树种;优质用材树种。

49 酢浆草 *Oxalis corniculata*

别名:酸咪咪、酸梅草

科名:酢浆草科

属名:酢浆草属

　　形态特征:多年生草本,全株被疏柔毛,根茎稍肥厚;掌状复叶有 3 枚小叶,无柄,倒心形;花黄色,单生或数朵集为伞形花序状,腋生,花瓣 5 瓣,长圆状倒卵形;蒴果长圆柱形,成熟开裂时将种子弹出。花果期 2～9 月。

　　产地生境:广布全国。生于山坡草池、河谷沿岸、路边、田边、荒地或林下阴湿处等。

　　用途:全草入药,能解热利尿,消肿散瘀。茎叶含草酸,可用以磨镜或擦铜器,使其具光泽。牛、羊多食可中毒致死。

50　苦树 *Picrasma quassioides*

　　别名:苦木、苦楝树、苦桑头

　　科名:苦木科

　　属名:苦树属

形态特征:落叶乔木,高达 10 余米。树皮紫褐色,平滑,有灰色斑纹,全株极苦。叶互生,奇数羽状复叶,小叶 9～15 枚,卵状披针形或广卵形,边缘具不整齐的粗锯齿。花雌雄异株,组成腋生复聚伞花序,花序轴密被黄褐色微柔毛。核果卵圆形,1～5 个并生,成熟后呈蓝黑色。花期 4～5 月,果期 6～9 月。

产地生境:产于黄河流域及其以南各省区。生于山地杂木林中。

用途:树皮入药,有祛风、清热、燥湿、杀虫之效;兽医用来治疗牛咳嗽、胃炎、大小肠热症及炭疽病;也可作土农药,杀灭蔬菜及园林害虫。

51　棟 *Melia azedarach*

别名:苦楝、楝树、楝枣子、楝果子、森树、楝、川楝子

科名:棟科

属名:棟属

形态特征:落叶乔木,高达 20 m。叶互生,2～3 回,奇数羽状复叶;小叶对生。圆锥花序,花两性有芳香,淡紫色。核果椭圆形或近球形,熟时为黄色。花期 4～5 月,果期 10～12 月。

产地生境:产于辽宁、北京、河北、山西、陕西、甘肃、山东、江苏、安徽、上海、浙江、江西、福建、台湾、河南、湖北、湖南、海南、

广东、广西、四川、贵州、云南、西藏等地区。东南亚地区、东亚、马来半岛、亚洲热带、亚洲亚热带、印度也有分布。喜温暖、湿润气候,喜光、不耐阴,较耐寒;在酸性、中性和碱性土壤中均能生长,耐干旱瘠薄,也能生长于水边,但以在深厚、肥沃、湿润的土壤中生长较好。

用途:木材供制家具、农具等用;花、叶、种子和根皮均可入药;园林上是行道树、观赏树和沿海地区造林树种。

52 泽漆 *Euphorbia helioscopia*

别名:五朵云、五灯草、猫耳眼

科名:大戟科

属名:大戟属

形态特征:一年生草本。茎直立,单一或自基部多分枝,分枝斜展向上,光滑无毛。叶互生,倒卵形或匙形。茎顶端有 5 片叶状轮生的总苞叶 5 枚,倒卵状长圆形,无柄。多岐聚伞花序顶生,总伞幅 5 枚。蒴果三棱状阔圆形,光滑,无毛;具明显的三纵沟,成熟时分裂为 3 个分果片。花果期 3～10 月。

产地生境:广布于全国(除黑龙江、吉林、内蒙古、广东、海南、台湾、新疆、西藏外)。生于山沟、路旁、荒野和山坡,为路旁常见杂草之一。

用途:全草入药,有清热、祛痰、利尿消肿及杀虫之效;种子含油量达 30%,可供工业用。

53　乌桕　*Triadica sebifera*

别名:腊子树、柏子树、木子树、乌桕、桊子树、柏树、木蜡树、木油树、木梓树、虹树

科名:大戟科

属名:乌桕属

形态特征:落叶乔木,高可达 15 m。树皮暗灰色,有纵裂纹。叶互生,叶片菱形、菱状卵形或稀有菱状倒卵形。花单性,雌雄同序,总状花序顶生,雌花通常生于花序轴最下部,稀雌花下部有少数雄花,雄花生于花序上部或花序全为雄花。蒴果梨状球形,成熟时黑色,具 3 颗种子,分果爿脱落后中轴宿存。种子扁球形,黑色,外被白色、蜡质的假种皮。花期 4～8 月。

产地生境:产于黄河以南各省区。喜光,不耐阴;喜温暖环境,不甚耐寒;适生于深厚肥沃、含水丰富的土壤,对酸性、钙质土、盐碱土均能适应。

用途:为中国特有的经济树种,已有 1 400 多年的栽培历史,用途广泛。木材用途广,根皮治毒蛇咬伤,白色蜡质可制肥

皂、蜡烛,种子油可制涂料。园林上,乌桕是一种色叶树种,春秋季叶色红艳夺目,不逊于丹枫,具有极高的观赏价值。

54 黄连木 *Pistacia chinensis*

别 名:楷木、惜木、孔木、鸡冠果
科 名:漆树科
属 名:黄连木属

形态特征:落叶乔木,高达 25～30 m,树皮裂成小方块状。偶数羽状复叶互生,小叶 5～7 对,披针形或卵状披针形,全缘,基歪斜。花小,单性异株,无花瓣,先花后叶;雌花呈腋生圆锥花序,雄花呈密总状花序。核果球形,熟时红色或紫蓝色。

产地生境:在中国分布广泛,温带、亚热带和热带地区均能正常生长,黄河流域至华南、西南地区均有分布。喜光,幼时稍耐阴;喜温暖,畏严寒;耐干旱瘠薄,对土壤要求不严,微酸性、中性和微碱性的沙质、黏质土均能适应,而以在肥沃、湿润而排水良好的石灰岩山地生长最好。

用途:优良的木本油料树种,随着生物柴油技术的发展,黄连木被喻为"石油植物新秀",已引起人们的极大关注,是制取生物柴油的上佳原料。树皮及叶可入药,根、枝、叶、皮还可制农药。在园林上,黄连木先叶开花,树冠浑圆,枝叶繁茂而秀丽,早春嫩叶红色,入秋叶又变成深红或橙黄色,红色的雌花序也极美观,是城市及风景区的优良绿化树种,宜作庭荫树、行道树及观赏风景树,也常作四旁绿化及低山区造林树种。

55 盐肤木 *Rhus chinensis*

别名:五倍子树、五倍柴、五倍子

科名:漆树科

属名:盐肤木属

形态特征:落叶小乔木或灌木,高 5～6 m。小枝棕褐色,被锈色柔毛,具圆形小皮孔。奇数羽状复叶有小叶 7～13 枚,叶轴具宽的叶状翅,叶轴和叶柄密被锈色柔毛。圆锥花序顶生,多分枝;雄花序长 30～40 cm,雌花序较短,密被锈色柔毛;花白色。核果球形,略压扁,成熟时红色。花期 8～9 月,果期 10 月。

产地生境:我国除东北、内蒙古和新疆外,其余省区均有分布。生于向阳山坡、沟谷、溪边的疏林或灌丛中。

用途:本种为五倍子蚜虫寄主植物,在幼枝和叶上形成虫瘿,即五倍子,可供鞣革、医药、塑料和墨水等工业上用。幼枝和叶可作土农药。果泡水可代醋用,生食酸咸止渴。种子可榨油。根、叶、花及果均可供药用。

56 冬青 *Ilex chinensis*

别名:四季生、冻青
科名:冬青科
属名:冬青属

　　形态特征:常绿乔木,一般高达 13 m。树皮灰色或淡灰色,有纵沟,小枝淡绿色,无毛。聚伞花序或伞形花序,单生于当年生枝条的叶腋内或簇生于二年生枝条的叶腋内,稀单花腋生;花小,白色、粉红色或红色;雌雄异株,雄花序有花 10～30 朵。雌花序有花 3～7 朵。浆果状核果,通常球形,成熟时红色,稀黑色。花期 4～6 月,果期 7～12 月。

　　产地生境:冬青广泛分布于亚洲、欧洲、非洲北部、北美洲与南美洲。在中国主要分布于长江流域以南各省区。亚热带树种,喜温暖气候,有一定耐寒力;适生于肥沃湿润、排水良好的酸性土壤;较耐阴湿;对二氧化碳抗性强。

　　用途:种子及树皮供药用,为强壮剂;叶有清热解毒作用,可治气管炎和烧烫伤;树皮可提取栲胶;木材坚硬,可作细工材料。冬青树形优美,枝叶碧绿青翠,果实红艳,是园林上常用的观叶观果树种。

57　枸骨 *Ilex cornuta*

别名：鸟不宿、猫儿刺、枸骨冬青、八角刺

科名：冬青科

属名：冬青属

形态特征：常绿灌木或小乔木，高约 3 m。树皮灰白色，平滑。叶片厚革质，二型，四角状长圆形或卵形，先端具 3 枚尖硬刺齿，中央刺齿常反曲，基部圆形或近截形，有时全缘。花黄绿色，簇生于二年生枝叶腋，雌雄异株。核果球形，鲜红色。花期 4～5 月，果期 10～12 月。

产地生境：产于江苏、上海、安徽、浙江、江西、湖北、湖南等地区，昆明等城市庭园有栽培，欧美一些国家的植物园也有栽培。喜光，稍耐阴；喜温暖气候及肥沃、湿润而排水良好的微酸性土壤，耐寒性不强；适宜城市环境，对有害气体有较强抗性。

用途：叶、果实、根都供药用；种子含油，可制肥皂；树皮可用于制作染料；园林上是良好的观叶、观果树种，宜作基础种植及岩石园材料，也可孤植于花坛中心，对植于前庭、路口，或丛植于草坪边缘，同时又是很好的绿篱（兼有果篱、刺篱的效果）及盆栽材料，选其老桩制作盆景亦饶有风趣。

58　卫矛 *Euonymus alatus*

别名:鬼箭羽

科名:卫矛科

属名:卫矛属

形态特征:灌木,高1~3 m,小枝常具2~4列宽阔木栓翅。叶对生,卵状椭圆形、窄长椭圆形,偶为倒卵形,边缘具细锯齿,两面光滑无毛,早春初发时及初秋霜后变紫红色。聚伞花序1~3朵花,花黄绿色。蒴果红紫色,1~4深裂;种子椭圆状或阔椭圆状,假种皮橙红色,全包种子。花期4~6月,果熟期9~10月。

产地生境:除新疆、青海、西藏、广东、海南及东北三省以外,全国各省区均产。生于山间杂木林下、林缘或灌丛中。

用途:带栓翅的枝条入药,称为"鬼箭羽",有破血、止痛、通经、泻下、杀虫等功效。

59　南蛇藤 *Celastrus orbiculatus*

别名:蔓性落霜红、降龙草、挂廊鞭

科名:卫矛科

属名:南蛇藤属

形态特征:大型藤本植物,长达 12 m。小枝光滑无毛,有皮孔。叶形多变,通常阔倒卵形,近圆形或长方椭圆形,入秋后叶变红色。聚伞花序腋生,间有顶生,花黄绿色,雌雄异株,偶有同株的。蒴果近球状,棕黄色;种子包有肉质、红色假种皮。花期 5～6 月,果熟期 9～10 月。

产地生境:产于黑龙江、吉林、辽宁、内蒙古、河北、山东、山西、河南、陕西、甘肃、江苏、安徽、浙江、江西、湖北、四川。为我国分布最广泛的种之一。生长于山坡灌丛中,长势旺盛,常覆盖分布区域内的灌木和小乔木,形成入侵之势。

用途:根、茎、叶、果药用,能活血、行气、消肿、解毒、治蛇咬伤,并做农药;在东北、华北地区及山东以本种的成熟果实作中药合欢花用;树皮制优质纤维,种子含油 50%。

60 野鸦椿 *Euscaphis japonica*

别名:鸡眼睛、鸡肾果

科名:省沽油科

属名:野鸦椿属

形态特征:落叶小乔木或灌木,高 2(3)～6(8)m,树皮灰褐色,具纵条纹,小枝及芽红紫色,枝叶揉碎后发出恶臭气味。叶对

生,奇数羽状复叶,小叶 7～11 枚,厚纸质,长卵形或椭圆形。圆锥花序顶生,花黄白色。蓇葖果有 1～3 个蓇葖,果皮软革质,紫红色;假种皮肉质,黑色,有光泽。花期 5～6 月,果熟期 9～10 月。

产地生境:除西北各省外,全国均产,主产江南各省,西至云南东北部。日本、朝鲜也有分布。生于山坡杂木林中。

用途:木材可作器具用材,种子油可制皂,树皮可提取栲胶,根及干果入药,用于祛风除湿。果实秋季红艳,观赏价值高,园林上可栽培作观果植物。

61 无患子 *Sapindus saponaria*

别名:木患子、油患子、洗手果

科名:无患子科

属名:无患子属

形态特征：落叶大乔木，高可达 20 余米。偶数羽状复叶，小叶 8~12 枚，叶长椭圆状披针形或稍呈镰形。圆锥花序顶生，花小，辐射对称。核果近球形，熟时黄色，干时变黑，由子房的一室发育而成，未发育的部分残留基部。花期春季，果期夏秋。

产地生境：产于东部、南部至西南部。日本、朝鲜、中南半岛和印度等地也常栽培。生于山坡林中。

用途：根和果入药，味苦微甘，有小毒，有清热解毒、化痰止咳的功效；果皮含有皂素，可代肥皂，尤其适合丝质品洗涤；木材质软，边材黄白色，心材黄褐色，可做箱板和木梳等。民间佛树之一，秋季叶色鲜黄，是优良的秋季彩叶树种，各地寺庙、庭园和村边常见栽培。

62 全缘叶栾树 *Koelreuteria bipinnata* var. *integrifoliola*

别名：黄山栾树、山膀胱
科名：无患子科
属名：栾树属

形态特征：该种是复羽叶栾树的变种。落叶乔木，高达 20 m；树冠近似圆球形，冠幅 8~12 m。二回羽状复叶，小叶 9~17 枚，互生；小叶通常全缘，有时一侧近顶部边缘有锯齿。圆锥花序顶

生,花小,花瓣黄色,基部有红色斑。蒴果卵形、椭圆形或近球形,具三棱,淡紫红色,老熟时褐色。花期 6～8 月,果期 7～10 月。

产地生境:产于广东、广西、江西、湖南、湖北、江苏、浙江、安徽、贵州等省区。生于海拔 100～300 m 的丘陵地、村旁,或海拔 600～900 m 的山地疏林中。

用途:春季嫩叶多为红叶,夏季黄花满树,入秋叶色变黄,果实紫红,形似灯笼,十分美丽,是理想的绿化树种,宜作庭荫树、行道树及园景树,同时也作为居民区、工厂区及村旁绿化树种。该种还是一种重要的经济树种,可提制栲胶,花可供制作黄色染料,种子可榨油,木材可制家具,叶可供制作蓝色染料。

63 三角槭 *Acer buergerianum*

别名:三角枫
科名:槭树科
属名:槭属

形态特征:落叶乔木,高 5～10 m,稀达 20 m。树皮褐色或深褐色,粗糙裂片向前伸。叶纸质,基部近于圆形或楔形,通常浅三裂,裂片向前延伸,稀全缘。花多数常呈顶生伞房花序,萼片 5 片,黄绿色;花瓣 5 瓣,淡黄色。翅果黄褐色,两翅张开成锐角或近于直立。花期 4 月，果期 8 月。

　　产地生境：产于中国山东、河南、江苏、浙江、安徽、江西、湖北、湖南、贵州和广东等省。日本也有分布。弱阳性树种，稍耐阴；喜温暖、湿润环境及中性至酸性土壤；耐寒，较耐水湿。

　　用途：园林上宜作庭荫树、行道树及护岸树种，也可栽作绿篱；木材优良，可制农具。

64　茶条槭 *Acer ginnala*

别名：青桑头、女儿红、樟芽、桑条
科名：槭树科
属名：槭属

　　形态特征：落叶大灌木或小乔木，高达 6 m。树皮灰褐色，幼枝绿色或紫褐色，老枝灰黄色。单叶对生，纸质，卵形或长卵状椭圆形，通常三裂或不明显五裂，或不裂；中裂片特大而长，基部圆形或近心形，边缘为不整齐疏重锯齿，近基部全缘。花杂性同株，顶生伞房花序，多花；花瓣 5 瓣，白色。翅果深褐色，小坚果扁平，翅长约 2 cm，有时呈紫红色，两翅直立，展开成锐角或两翅近平行，相重叠。花期 5～6 月。果熟期 9 月。

产地生境:产各地,我国分布很广,自东北至广东均产。阳性树种,耐阴,耐寒,喜湿润土壤但耐干燥瘠薄,抗病力强,适应性强。

用途:嫩叶可代茶,有降压、退热、明目之效,浙江桑芽茶即为本种干燥的叶芽及嫩叶制成;茎和叶可供制作黑色染料;叶、果供观赏,叶形美丽,是秋季美丽的彩叶树种,园林上优良的绿化树种。

65 枳椇 *Hovenia acerba*

别名:拐枣、鸡爪树

科名:鼠李科

属名:枳椇属

形态特征:高大落叶乔木,高达 10 m。嫩枝、幼叶背面、叶柄和花序轴初有短柔毛,后脱落。叶片椭圆状卵形、宽卵形或心状卵形;二歧式聚伞圆锥花序;浆果状核果近球形,果序轴明显膨大;种子暗褐色或黑紫色。花期 5~7 月,果期 8~10 月。

产地生境:分布于陕西、江西、安徽、浙江、广东、福建、湖北、湖南、广西、四川、贵州、云南等省。适应环境能力较强,抗旱、耐寒,又耐较瘠薄的土壤;喜阳光,多生长在海拔 1 000 m 以下的沟谷、溪边、路旁或较潮湿的山坡丘陵。

用途:木材供建筑及制家具和美术工艺品等的用材;果梗经

霜后可生食或酿酒,俗称"拐角";果梗形态似万字符"卍",故称其树为万寿果树。

66 地锦 *Parthenocissus tricuspidata*

别　名:爬山虎、趴墙虎
科　名:葡萄科
属　名:地锦属

形态特征:木质藤本。卷须短,多分枝,相隔 2 节间断与叶对生,卷须顶端有吸盘。叶为单叶,通常 3 浅裂,下部叶分裂成 3 枚小叶,着生在长枝上者小型不裂。聚伞花序通常着生在两叶之间的短枝上。浆果球形,熟时呈蓝黑色。花期 5～8 月,果熟期 9～10 月。

产地生境:产于我国吉林、辽宁、河北、河南、山东、安徽、江苏、浙江、福建、台湾。朝鲜、日本也有分布。多攀缘于岩石、大树或墙壁上。

用途:本种早期为著名的垂直绿化植物,秋季叶色红艳,也可作为秋季观叶树种栽培。但由于其强大的攀缘繁衍能力,在

林区如果不及时清理,很可能对分布区内的乔木和灌木形成入侵之势,应作为本土林业有害植物,进行监控并及时清除。

67 南京椴 *Tilia miqueliana*

别名:菠萝树、椴树、菩提树
科名:椴树科
属名:椴树属

形态特征:落叶乔木,高可达 20 m,树皮灰白色,嫩枝有黄褐色茸毛。叶三角状卵形,基部偏斜心形或截形,边缘有整齐短尖锯齿;表面深绿色,背面有灰色星状毛。聚伞花序有花 10~20 朵,花序柄被灰色绒毛;苞片长匙形,两面有星状柔毛。果实球形,有小突起。花期 6 月,果熟期 9 月。

产地生境:产于江苏、浙江、安徽、江西、广东。日本有分布。生长于山坡、山沟或林中。

用途:茎皮纤维可做人造棉,也是优良的造纸原料;木材可做农具、家具等。是优良的蜜源植物。民间的佛树之一,也被叫作菩提椴,中药里更是将其树皮、花称为"菩提树皮"和"菩提树花",根皮、树皮(菩提树皮)用于治疗劳伤、乏力、久咳;花(菩提树花)有镇静、解痉、清热、解表的作用。叶形优美、树形美观,是世界著名的行道树树种之一,已被列为南京的行道树替换树种

之一。由于繁殖能力弱,在南京野生树种数量非常稀少,应采取及时措施对其加以保护。

68 梧桐 *Firmiana simplex*

别名:青桐、青皮梧桐、大梧桐

科名:梧桐科

属名:梧桐属

形态特征:落叶乔木,高 15～20 m;树冠卵圆形;树干端直,树皮绿色,平滑。叶心形,3～5 掌裂,叶柄约与叶片等长;花萼裂片条形,淡黄绿色,开展或反卷;花后心皮分离;蓇葖4～5;种子形如豌豆,着生于果瓣边缘。花期 6～7 月,果 9～10 月成熟。

产地生境:原产中国及日本,华北至华南、西南各地区广泛栽培。喜光,喜温暖,喜肥沃、湿润、黏质、排水良好、含钙丰富的土壤,不耐涝,耐寒性稍差。

用途:梧桐对多种有毒气体抗性强,是优良的环保树种;根系深,也是防风、水土保持和水源涵养林树种。梧桐叶大枝青,挺拔端庄,自古以来人们就喜欢在庭院中栽种梧桐树,民间有"家有梧桐树,不愁金凤凰"的传说,是园林上常用的行道树和庭院绿化树种。

69　紫花地丁　*Viola philippica*

别名：光瓣堇菜、地丁草
科名：堇菜科
属名：堇菜属

形态特征：多年生草本，无地上茎，全株有短白毛。主根粗而长。叶多数，基生，莲座状；叶形多变，叶片下部者通常较小，呈三角状卵形或狭卵形，上部者较长，呈长圆形、狭卵状披针形或长圆状卵形。花中等大，紫堇色或淡紫色，稀呈白色，喉部色较淡并带有紫色条纹，花距长囊形。蒴果椭圆形。花果期4月中下旬至9月。

产地生境：全国分布较广，东北、华北、华中都产。生于田间、荒地、山坡草丛、林缘或灌丛中。在庭园较湿润处常形成小群落。

用途：全草供药用，能清热解毒，凉血消肿。嫩叶可作野菜。是美丽的地被观赏花卉，花期长，园林上可引种栽培。

70　紫花堇菜　*Viola grypoceras*

别名：紫花高茎堇菜
科名：堇菜科
属名：堇菜属

形态特征:多年生草本,具发达主根。地上茎数条,花期高5～20 cm,果期高可达 30 cm。基生叶叶片心形或宽心形,茎生叶三角状心形或狭卵状心形;托叶褐色,狭披针形,边缘具流苏状长齿。花淡紫色,有褐色腺点,边缘呈波状,距长囊状,通常向下弯,稀直伸。蒴果椭圆形,长约 1 cm,密生褐色腺点,先端短尖。花期 3～4 月,果熟期 5 月。

产地生境:产于华北、华东至华中、华南、西南各省区的林区(除西藏、青海外)。日本、朝鲜南部亦有分布。生于水边草丛中或林下湿地。

用途:全草民间作药用,能清热解毒,消肿去瘀。

71 紫薇 *Lagerstroemia indica*

别名:百日红、痒痒树、无皮树

科名:千屈菜科

属名:紫薇属

形态特征:落叶灌木或小乔木,高可达 7 m。树皮光滑,幼枝具四棱。叶互生或有时对生,无柄或叶柄很短。花淡红色或紫色、白色,常组成 7～20 cm 的顶生圆锥花序。蒴果椭圆状球形或阔椭圆形,种子有翅。花期 6～9 月。

产地生境:我国广东、广西、湖南、福建、江西、浙江、江苏、湖北、河南、河北、山东、安徽、陕西、四川、云南、贵州及吉林均有生长或栽培。阳性树种,耐干旱瘠薄,对土壤要求不严,不论钙质土或酸性土都生长良好。

用途:花色鲜艳美丽,花期长,寿命长,树龄有达200年的,现已广泛栽培为庭园观赏树,有时亦作盆景。紫薇的木材坚硬、耐腐,可作农具、家具、建筑等用材;树皮、叶及花为强泻剂;根和树皮煎剂可治咯血、吐血、便血。

72 刺楸 *Kalopanax septemlobus*

别名:鸟不宿、钉木树、丁桐皮

科名:五加科

属名:刺楸属

形态特征:落叶乔木,高可达 30 m,枝干有粗大硬刺。叶在长枝上互生,短枝上簇生,叶片掌状 5～7 裂。伞形花序合成顶生的圆锥花丛,花丝细长。果实近于圆球形,扁平。花果期 7～10 月。

产地生境:分布广,北自东北起,南至广东、广西、云南,西自四川西部,东至海滨的广大区域内均有分布。垂直分布海拔自数十米起至千余米,在云南可达 2 500 m,通常数百米的低丘陵较多。朝鲜、俄罗斯和日本也有分布。适应性很强,喜阳光充足和湿润的环境,稍耐阴,耐寒冷;适宜在含腐殖质丰富、土层深厚、疏松且排水良好的中性或微酸性土壤中生长。

用途:刺楸叶形美观,叶色浓绿,树干通直挺拔,满身硬刺,适合作行道树或园林配植;刺楸木是制作高级家具、乐器、工艺雕刻的良好材料;树皮可入药;春季的嫩叶采摘后可供食用。

73 野胡萝卜 *Daucus carota*

别名:鹤虱草、野胡萝卜子

科名:伞形科

属名:胡萝卜属

形态特征:二年生草本,高 15～120 cm。茎单生,全体有白

色粗硬毛。基生叶薄膜质,长圆形,二至三回羽状全裂,末回裂片线形或披针形;茎生叶近无柄,有叶鞘,末回裂片小或细长。复伞形花序,伞辐多数,结果时外缘的伞辐向内弯曲;花通常白色,有时带淡红色。果实圆卵形,棱上有白色刺毛。花期5~7月。

产地生境:产于四川、贵州、湖北、江西、安徽、江苏、浙江等省。喜阳,生长于山坡路旁、旷野或田间,在空旷地常大片分布,形成入侵之势。

用途:果实入药,有驱虫作用,又可提取芳香油。

74 毛梾 *Cornus walteri*

别名:车梁木、小六谷
科名:山茱萸科
属名:山茱萸属

形态特征:落叶乔木,高达15 m。树皮黑褐色,纵裂而又横裂成块状。幼枝对生,绿色,略有棱角,密被贴生灰白色短柔毛,老后黄绿色,无毛。叶对生,纸质,椭圆形、长圆椭圆形或阔卵形;上面深绿色,稀被贴生短柔毛,下面淡绿色,密被灰白色贴生短柔毛;中脉在上面明显,下面凸出。伞房状聚伞花序顶生,花密;花白色,有香味。核果球形,成熟时呈黑色。花期5月,果熟期9月。

产地生境：产于辽宁、河北、山西南部以及华东、华中、华南、西南各省区。常生于向阳山坡的杂木林或密林中。

用途：本种是木本油料植物，果实含油量可达 27%～38%，供食用或作高级润滑油，油渣可作饲料和肥料。木材坚硬，纹理细密、美观，可作家具、车辆、农具等用。叶和树皮可提制栲胶。枝叶与果实入药，治漆疮。树冠美丽，叶、花、果俱美，可作为绿化观赏树种、四旁绿化和水土保持树种。

75　南烛 *Vaccinium bracteatum*

别名：乌饭树、米饭树、乌饭叶
科名：杜鹃花科
属名：越橘属

形态特征：常绿灌木或小乔木，高 2～6(9)m。分枝多，幼枝被短柔毛或无毛，老枝紫褐色，无毛。叶革质，椭圆形、长椭圆形、卵形，顶端短尖，基部楔形，边缘有细锯齿，表面平坦有光泽。总状花序顶生和腋生，有多数花；花冠白色，筒状，口部收缩，有时略呈坛状。浆果球形，熟时紫黑色，稍被白粉。花期 6～7 月，果熟期 8～11 月。

产地生境：产于我国台湾及华东、华中、华南至西南。生于丘陵地带，常见于山坡林内或灌丛中。

用途：果实成熟后酸甜，可食。枝、叶渍汁浸米，煮成"乌饭"，故称乌饭树。乌饭是江南一带传统的时令食物，营养丰富。江南历来有在佛诞日（农历四月初八）煮食乌饭的习惯。果实入药，名"南烛子"，有强筋益气、固精之效；江西民间草医用叶捣烂治刀斧砍伤。

植物文化："南烛"一名最早记载于《开宝本草》，以后在《图经本草》《本草纲目》《植物名实图考》等本草著作中均有记载。但长期以来，"南烛"用于称呼不同的植物。自日本人把 *Lyonia ovalifolia*（Wall.）Drude 误称南烛之后，我国一些书籍也沿袭误用。另一方面，宋朝沈括所著《梦溪笔谈》一书将小檗科的南天竹 *Nandina domestica* Thunb. 和南烛混为同物，宋朝《图经本草》，清朝《本草纲目拾遗》的记载或附图也把南天竹视作南烛。而《图经本草》一书中更把两物作为一物来记载。江苏植物研究所陈重明做了详尽考证，纠正了这一种名的误用。

76　金爪儿 *Lysimachia grammica*

科名：报春花科

属名：珍珠菜属

形态特征：茎簇生，膝曲直立，密被多细胞柔毛，通常多分枝。叶在茎下部对生，在上部互生，卵形至三角状卵形。花单生

于茎上部叶腋;花梗纤细,丝状,通常超过叶长,密被柔毛,花后下弯;花冠黄色。蒴果近球形,淡褐色。花期4～5月,果期5～9月。

产地生境:产于陕西南部、河南、湖北、江西、安徽、江苏、浙江。生于向阳开阔地或灌木林下。

用途:全草入药,外用治蛇咬伤、跌打损伤等。花期长,有较高观赏价值,园林上可作地被观赏植物栽培。

77 老鸦柿 *Diospyros rhombifolia*

科名:柿科

属名:柿属

形态特征:落叶小乔木,高可达8 m左右。树皮灰色,平滑;多枝,分枝低,有枝刺。叶纸质,菱状倒卵形,上面深绿色,下面浅绿色,疏生伏柔毛。雌雄异株,花白色;雄花生于当年生枝下部,呈聚伞花序;雌花单生,散生于当年生枝下部;花萼四深裂,宿存;花冠壶形。浆果卵球形,熟时橘红色,有蜡样光泽,顶端有小突尖。花期4月,果熟期9～10月。

产地生境:产于浙江、江苏、安徽、江西、福建等地。生于山坡灌丛或林缘。

用途:根或枝入药,治血、利肝。果实可制柿漆。

78 **白檀** *Symplocos paniculata*

别名:砒霜子、蛤蟆涎、白花茶、牛筋叶、檀花青

科名:山矾科

属名:山矾属

形态特征:落叶灌木或小乔木,高达5 m。嫩枝被毛。叶互生,椭圆形,长4～9.5 cm,宽2～5.5 cm,边缘具细锐锯齿。圆锥花序生枝顶,花白色。核果卵形,蓝色或黑色。

产地生境:白檀为中国原产树种,分布范围广,北自辽宁,南至四川、云南、福建、台湾。华北地区山地多见野生,多生于海拔760～2 500 m的山坡、路边、疏林或密林中。喜温暖湿润的气候和深厚肥沃的沙质壤土;喜光也稍耐阴;深根性树种,适应性强,耐寒,抗干旱耐瘠薄,以河溪两岸、村边地头生长最为良好。

用途:树形优美,枝叶秀丽,春日白花,秋结蓝果,是良好的园林绿化点缀树种;茎皮纤维洁白柔软,土名懒汉筋;木材细致,为细工及建筑用材;种子可榨油,供制油漆、肥皂等用;根皮与叶可作农药。

植物文化:唐代中叶有一种极负盛名的传统名花——玉蕊花,宋代宋景沂的《全芳备祖》将其列为花谱第六,明代王象晋的《群芳谱》将其上升为花谱第三,清代陈淏子的《花镜》也有专条,但因栽培不普遍以及时代的变迁,后来就失传了。自宋代以来,人们对玉蕊的原植物说法很多,使人莫衷一是。经祁振声十多年考证,著名植物学家吴征镒先生首肯,确认玉蕊即山矾科的白檀(*Symplocos paniculata*)。

79 女贞 *Ligustrum lucidum*

别名:冬青树、大叶女贞

科名:木犀科

属名:女贞属

形态特征:常绿灌木或乔木,高可达 25 m;树皮灰褐色;枝黄褐色、灰色或紫红色,圆柱形,疏生圆形或长圆形皮孔;叶对生,常绿、革质;圆锥花序顶生;果肾形或近肾形,深蓝黑色,成熟时呈红黑色,被白粉。花期 5~7 月,果期 7 月至翌年 5 月。

产地生境:原产于中国,广泛分布于长江流域及以南地区,华北、西北地区也有栽培。深根性树种,耐寒性好,能耐−10℃左右低温;耐水湿;喜温暖湿润气候;喜光耐阴。

用途:女贞为亚热带树种,枝叶茂密,树形整齐,是园林绿化中应用较多的乡土树种,可于庭院孤植或丛植,作行道树、绿篱等。

80　流苏树 *Chionanthus retusus*

别名:洋白花、糯米花
科名:木犀科
属名:流苏树属

　　形态特征:落叶乔木,高可达 20 m。叶片长圆形、椭圆形或圆形,有时卵形或倒卵形至倒卵状披针形,先端圆钝,有时凹入或锐尖,基部圆或宽楔形至楔形,全缘。聚伞状圆锥花序顶生于枝端,雄性异株或为两性花;花冠白色,四深裂,裂片线状倒披针形。核果椭圆形,熟时呈蓝黑色,被白粉。花期4～5月。

　　产地生境:产于甘肃、陕西、山西、河北、河南以南至云南、四川、广东、福建、台湾。喜生于向阳山谷或山脊。

　　用途:花、嫩叶晒干可代茶,味香;果可榨芳香油;木材可制器具。花洁白繁密,花时如云,观赏价值极高,是春末夏初非常美丽的观赏花木。

81　络石 *Trachelospermum jasminoides*

别名:万字茉莉、风车茉莉、爬山虎、六角藤
科名:夹竹桃科

属名:络石属

形态特征:常绿木质藤本,长达 10 m,具乳汁。叶革质或近革质,椭圆形至卵状椭圆形或宽倒卵形。二歧聚伞花序腋生或顶生,花多朵组成圆锥状,与叶等长或较长;花白色,芳香。蓇葖果双生,线状披针形,向先端渐尖。种子多颗,褐色,线形,顶端具白色绢质种毛;种毛长 1.5~3 cm。花期 3~7 月,果期 7~12 月。

产地生境:本种分布很广,山东、安徽、江苏、浙江、福建、台湾、江西、河北、河南、湖北、湖南、广东、广西、云南、贵州、四川、陕西等地都有分布。生于山野、溪边、路旁、林缘或杂木林中,常缠绕于树上或攀缘于墙壁上、岩石上。

用途:根、茎、叶、果实供药用,有祛风活络、利关节、止血、止痛消肿、清热解毒之功效,我国民间用来治关节炎、肌肉痹痛、跌打损伤、产后腹痛等;安徽地区有用作治血吸虫腹水病。乳汁有毒,对心脏有毒性作用。茎皮纤维拉力强,可造纸、制绳索及人造棉。花芳香,可提取"络石浸膏"。园林上可用作垂直绿化植物。

82 打碗花 *Calystegia hederacea*

别名:扶母苗、兔儿苗
科名:旋花科

属名:打碗花属

形态特征:一年生草本,全体不被毛,植株通常矮小。茎细,平卧,有细棱。基部叶片长圆形,基部戟形;上部叶片三裂,中裂片长圆形或长圆状披针形,侧裂片近三角形,全缘或2~3裂,叶片基部心形或戟形。花腋生,1朵,花梗长于叶柄,有细棱;苞片宽卵形;花冠淡紫色或淡红色,钟状。蒴果卵球形。花期5~10月。

产地生境:分布于我国东北、西北、华中、华东各省区。各地常见,从平原至高海拔地区都有生长,为农田、荒地、路旁常见的杂草。

用途:根药用,治妇女月经不调、红白带下。

83 附地菜 *Trigonotis peduncularis*

科名:紫草科
属名:附地菜属

形态特征:一年生或二年生草本。茎通常多条丛生,稀单一,密集,铺散,高5～30 cm,基部多分枝,被短糙伏毛。基生叶呈莲座状,有叶柄,叶片匙形。花序生茎顶,幼时卷曲,后渐次伸长;花冠淡蓝色或粉色,筒部甚短,喉部附属五,白色或带黄色。小坚果四,斜三棱锥状四面体形。早春开花,花期甚长。

产地生境:分布于东北、华东、华南等地。各地常见,生平原、丘陵草地、林缘、田间及荒地。

用途:全草入药,能温中健胃、消肿止痛、止血。嫩叶可供食用。花美丽典雅,可作地被观赏植物栽培。

84　野芝麻 *Lamium barbatum*

别名:野藿香、山苏子
科名:唇形科
属名:野芝麻属

形态特征:多年生草本,根茎有长地下匍匐枝。茎高达1 m,单生,直立,四棱形,具浅槽,中空,几无毛。茎下部的叶卵圆形或心脏形,茎上部的叶卵圆状披针形。轮伞花序4～14朵花,着生于茎上部叶腋;花冠白或浅黄色,冠檐二唇形。小坚果倒卵圆形,有三棱。花果期3～6月。

产地生境:产于东北、华北、华东各省区,西北的陕西、甘肃,

中南的湖北、湖南以及西南的四川、贵州。生于路边、溪旁、田埂及荒坡上,海拔可达 2 600 m。

用途:本种民间入药,花用于治疗子宫及泌尿系统疾病、白带及行经困难;全草用于跌打损伤、小儿疳积。

85 益母草 *Leonurus japonicus*

别名:益母蒿、野麻、益母花

科名:唇形科

属名:益母草属

形态特征:一年生或二年生草本。茎直立,通常高 30～120 cm,钝四棱形,微具槽,有倒向糙生伏毛。叶轮廓变化很大,茎下部叶轮廓为卵形,掌状三全裂;茎中部叶轮廓为菱形,较小,通常分裂成 3 个或偶有多个长圆状线形的裂片;花序最上部的苞叶近于无柄,线形或线状披针形。轮伞花序腋生,具 8～15 朵花;花冠粉红至淡紫红色。小坚果长圆状三棱形,花果期通常在 6～10 月。

产地生境:产于我国各地。俄罗斯、朝鲜、日本等国,亚洲热带地区、非洲以及美洲各地都有分布。各地常见杂草,生长于多种生境,尤以阳处为多,海拔可高达 3 400 m。

用途:全草入药,有效成分为益母草碱(Leonurin),内服可使血管扩张而使血压下降,可治动脉硬化性和神经性的高血压;能增加子宫运动的频度,为产后促进子宫收缩药,并对长期子宫出血而引起衰弱者有效,广泛用于治妇女闭经、痛经、月经不调、产后出血过多、恶露不尽、产后子宫收缩不全、胎动不安、子宫脱垂及赤白带下等症。据报道,近年来益母草用于肾炎水肿、尿血、便血、牙龈肿痛、乳腺炎、丹毒、痈肿疔疮均有效。嫩苗入药称童子益母草,功用同益母草,并有补血作用。花治贫血体弱。子称茺蔚、三角胡麻、小胡麻,有利尿、治眼疾之效,亦可用于治肾炎水肿及子宫脱垂。白花变型功用同益母草。

86　白英 *Solanum lyratum*

别名:白毛藤、苦茄

科名:茄科

属名:茄属

形态特征:多年生草质藤本,长 0.5～2.5 m,茎、叶密被具节长柔毛。叶互生,多数为琴形;基部常 3～5 深裂,裂片全缘,侧裂片愈近基部的愈小,端钝,中裂片较大,通常卵形,先端渐尖,两面均被白色发亮的长柔毛。聚伞花序顶生或腋外生,疏花;花冠蓝紫色或白色。浆果球状,成熟时为鲜艳的红色。花期夏秋,果熟期秋末。

产地生境:分布于我国甘肃、陕西、山东及长江以南各省。喜生于山谷草地或路旁、田边。

用途:全草入药,可治小儿惊风。果实能治风火牙痛。

87 阿拉伯婆婆纳 *Veronica persica*

别名:波斯婆婆纳

科名:玄参科

属名:婆婆纳属

形态特征:铺散多分枝草本,高 10～50 cm。茎密生两列多细胞柔毛。叶 2～4 对。总状花序很长,苞片互生,与叶同形且几乎等大;花冠蓝色、紫色或蓝紫色。蒴果二深裂,偏扁心形。种子背面具深的横纹。花期 3～5 月。

产地生境:分布于华东、华中及贵州、云南、西藏东部及新疆(伊宁)。归化植物,路边及荒野常见杂草。

用途:全草药用,治肾虚腰痛、风湿疼痛、久疟。

88 凌霄 *Campsis grandiflora*

别名:紫葳、苕华、堕胎花

科名:紫葳科

属名:凌霄属

形态特征：攀缘藤本，茎木质，表皮脱落，枯褐色，以气生根攀附于他物之上。叶对生，为奇数羽状复叶；小叶 7～9 枚。顶生疏散的短圆锥花序，花萼钟状，五深裂至中部，裂片披针形。花冠内面鲜红色，外面橙黄色，长约 5 cm，裂片半圆形，有凸起纵肋。蒴果长如豆荚，顶端钝。花期 5～8 月。

产地生境：产于长江流域各地，以及河北、山东、河南、福建、广东、广西、陕西，在台湾有栽培；日本也有分布，越南、印度、巴基斯坦均有栽培。喜温湿环境。

用途：可供观赏及药用，花为通经利尿药，可根治跌打损伤等症。李时珍云："附木而上，高达数丈，故曰凌霄。"

89 厚萼凌霄 *Campsis radicans*

别名：美国凌霄、杜凌霄

科名：紫葳科

属名：凌霄属

形态特征:藤本,具气生根,长达 10 m。小叶 9～11 枚,椭圆形至卵状椭圆形。花萼钟状,长约 2 cm,口部直径约 1 cm,5 浅裂至萼筒的 1/3 处,萼齿卵状三角形,外向微卷,无凸起的纵肋。花冠筒细长,漏斗状,橙红色至鲜红色。蒴果长圆柱形,顶端具喙尖。花期 7～10 月。

产地生境:原产美洲。在广西、江苏、浙江、湖南栽培作庭园观赏植物;在越南、印度、巴基斯坦也有栽培。喜光也稍耐阴,耐寒力较强,耐干旱也耐水湿,对土壤不苛求,能生长在偏碱性土壤上。

用途:供观赏及药用。花可代凌霄花入药,功效与凌霄花类同。

90 车前 *Plantago asiatica*

别名:车耳草、猪耳草

科名:车前科

属名:车前属

　　形态特征:多年生草本,须根多数。根茎短,稍粗。叶基生呈莲座状,平卧、斜展或直立;叶片宽卵形至宽椭圆形,边缘波状、全缘或中部以下有锯齿、牙齿或裂齿。花序3～10个,直立或弓曲上升;穗状花序细圆柱状,紧密或稀疏,下部常间断;花冠白色,无毛。蒴果纺锤状卵形、卵球形或圆锥状卵形。花果期4～8月。

　　产地生境:分布几乎遍布全国。适应性强,耐寒、耐旱,对土壤要求不严,在温暖、潮湿、向阳、沙质沃土上能生长良好。

　　用途:嫩叶可食。全草可药用,具有利尿、清热、明目、祛痰的功效。

91　鸡矢藤 *Paederia scandens*

别名:臭藤子、鸡脚藤、鸡粪藤
科名:茜草科

属名:鸡矢藤属

形态特征:藤本,叶揉碎有鸡屎臭味。叶对生,形状变化很大、卵形、卵状长圆形至披针形。聚伞花序腋生和顶生,分枝对生,末次分枝上着生的花常呈蝎尾状排列;花冠浅紫色,外面被粉末状柔毛,里面被绒毛,顶部5裂。核果球形,成熟时近黄色,有光泽,平滑。花期5~7月。

产地生境:分布于长江流域以及西南各省区。生于山坡、林中、林缘、沟谷边灌丛中或缠绕在灌木上。

用途:根或全草入药,主治风湿筋骨痛、跌打损伤、外伤性疼痛、肝胆及胃肠绞痛、黄疸型肝炎、肠炎、痢疾、消化不良、小儿疳积、肺结核咯血、支气管炎、放射反应引起的白细胞减少症、农药中毒;外用可治皮炎、湿疹、疮疡肿毒。

92　忍冬 *Lonicera japonica*

别名：金银花、金银藤、二花

科名：忍冬科

属名：忍冬属

形态特征：半常绿藤本，幼枝密被黄褐色、开展的硬直糙毛、腺毛和短柔毛。叶纸质，卵形至矩圆状卵形。总花梗通常单生于小枝上部叶腋，与叶柄等长或稍短；花冠先是白色，有时基部向阳面呈微红，后变黄色，故曰金银花；唇形，筒稍长于唇瓣。果实圆形，熟时蓝黑色，有光泽。花期 4～6 月（秋季亦常开花），果熟期 10～11 月。

产地生境：除黑龙江、内蒙古、宁夏、青海、新疆、海南和西藏无自然生长外，全国各省均有分布。生于山坡灌丛或疏林中、乱石堆、山脚路旁及村庄篱笆边，也常栽培。日本和朝鲜也有分布。在北美洲逸生成为难除的杂草。

用途:花蕾入药,性甘寒,清热解毒、消炎退肿,对细菌性痢疾和各种化脓性疾病都有效。茎藤称"忍冬藤",也供药用,功效略同花蕾,并治风湿性关节炎。

植物文化:忍冬是一种具有悠久历史的常用中药,始载于《名医别录》,列为上品。"金银花"一名始见于李时珍《本草纲目》,在"忍冬"项下提及,因近代文献沿用已久,现已公认为该药材的正名,并收入我国药典。此外,尚有"银花""双花""二花""二宝花""双宝花"等药材名称。目前,全国作为商品出售的金银花原植物总数不下 17 种(包括亚种和变种),而以本种分布最广,销售量也最大。商品药材主要来源于栽培品种,以河南的"南银花"或"密银花",以及山东的"东银花"或"济银花"产量最高,品质也最佳,供销全国并出口。野生品种来自华东、华中和西南各省区,总称"山银花"或"上银花",一般自产自销,亦有少量外调。近年来,因药材供不应求,不少地区正积极开展引种栽培,金银花的产区日渐扩大。

现存金银花制剂有"银翘解毒片""银黄片""银黄注射液"等。"金银花露"是用蒸馏法从金银花中提取的芳香性挥发油及水溶性馏出物,为清火解毒的良品,可治小儿胎毒、疮疖、发热口渴等症;夏季用以代茶,能治温热痧痘、血痢等。据报道,金银花的有效成分为绿原酸和异绿原酸。这是植物代谢过程中产生的次生物质,其含量的高低不仅取决于植物的种类,而且可能在很大程度上受气候、土壤等生态、地理条件以及物候期的影响。

93　绞股蓝 *Gynostemma pentaphyllum*

科名:葫芦科

属名:绞股蓝属

形态特征:草质攀缘植物,茎细弱,卷须常二裂或不裂。叶
鸟足状,具 3～9 枚小叶,通常 5～7 枚小叶;小叶片卵状长圆形
或披针形。花雌雄异株,雄花圆锥花序,花序轴纤细,多分枝,
分枝广展;花冠淡绿色或白色,五深裂,裂片卵状披针形。雌
花圆锥花序远较雄花短小。果实肉质不裂,球形,成熟后呈黑
色,光滑无毛,内含倒垂种子 2 粒。花期 3～11 月,果期 4～
12 月。

产地生境:产于陕西南部和长江以南各省区。分布于印度、
尼泊尔、孟加拉国、斯里兰卡、缅甸、老挝、越南、马来西亚、印度
尼西亚、朝鲜和日本等地。生于山谷密林中、山坡疏林、灌丛中
或路旁草丛中。

用途:本种入药,有消炎解毒、止咳祛痰的功效。

94　苍耳 *Xanthium strumarium*

科名:菊科

属名:苍耳属

形态特征:一年生草本,高可达 1 m。叶三角状卵形或心
形,近全缘,或有 3～5 不明显浅裂,基部稍心形或截形,边缘有
不规则的粗锯齿;有三基出脉,侧脉弧形,直达叶缘,脉上密被糙
伏毛,上面绿色,下面苍白色,被糙伏毛。雄性的头状花序呈球

形,有多数的雄花,花冠钟形;雌性的头状花序呈椭圆形,绿色、淡黄绿色或有时带红褐色。瘦果成熟时变坚硬,外面有疏生的具钩状的刺,刺极细而直,基部微增粗或几不增粗;喙坚硬,锥形,上端略呈镰刀状。瘦果二,倒卵形。花期7～8月,果期9～10月。

产地生境:苍耳的总苞具钩状的硬刺,常贴附于家畜和人体上,故易于散布,为一种常见的田间杂草。广泛分布于东北、华北、华东、华南、西北及西南各省区。俄罗斯、伊朗、印度、朝鲜和日本也有分布。常生长于平原、丘陵、低山、荒野路边、田边。

用途:种子可榨油。苍耳子油与桐油的性质相仿,可掺和桐油制油漆,也可作油墨、肥皂、油毡的原料,又可制硬化油及润滑油。果实供药用。

95 野菊 *Chrysanthe mum indicum*

别名:路边黄、山菊花

科名:菊科

属名:蒿蒿属

　　形态特征:多年生草本,高 0.25～1 m,茎基部常匍匐。基生叶和下部叶花期脱落;中部茎叶卵形、长卵形或椭圆状卵形,羽状半裂、浅裂或分裂不明显而边缘有浅锯齿。头状花序直径 1.5～2.5 cm,多数在茎枝顶端排成疏松的伞房圆锥花序或少数在茎顶排成伞房花序。总苞片约 5 层,外层卵形或卵状三角形,中层卵形,内层长椭圆形;全部苞片边缘白色或褐色宽膜质,顶端钝或圆。舌状花黄色。花期 6～11 月。

　　野菊是一个多型性的种,有许多生态的、地理的或生态地理的居群,表现出体态、叶形、叶序、伞房花序式样,以及茎叶毛被性等特征上的极大的多样性。山东、河北滨海盐渍土上的野菊是一种滨海生态型,全形矮小,侏儒状,叶肥厚;江西庐山地区的野菊,叶下面有较多的毛被物;江苏南京地区及浙江的野菊中,有一类叶在干后呈橄榄色。

　　产地生境:广布我国东北、华北、华中、华南及西南各地。印度、日本、朝鲜、俄罗斯也有分布。野生于山坡草地、灌丛、河边水湿地、滨海盐渍地、田边及路旁。

　　用途:野菊的叶、花及全草入药,有清热解毒、疏风散热、散瘀、明目、降血压的功效。对防治流行性脑脊髓膜炎,预防流行性感冒、感冒,治疗高血压、肝炎、痢疾、痈疖疔疮等都有明显效果。野菊花的浸液对杀灭孑孓及蝇蛆也非常有效。

96   蓟 *Cirsium japonicum*

别名:山萝卜、大蓟、地萝卜

科名:菊科

属名:蓟属

形态特征:多年生草本,有多数肉质圆锥根。茎直立,高50～100 cm,基部有白色丝状毛。基生叶较大,卵形、长倒卵形、椭圆形或长椭圆形,羽状深裂或几全裂,基部渐狭成短或长翼柄,柄翼边缘有针刺及刺齿;自基部向上的叶渐小,与基生叶同形并等样分裂,但无柄,基部扩大半抱茎;全部茎叶两面同色。头状花序直立,顶生,球形,外面有蛛丝状毛;小花红色或紫色。冠毛浅褐色,多层,基部联合成环,整体脱落;冠毛刚毛长羽毛状,长达2 cm,内层向顶端纺锤状扩大或渐细。花果期4～11月。

产地生境:本种分布广,变化大,是一个多型的种。广布于我国河北、山东、陕西、江苏、浙江、江西、湖南、湖北、四川、贵州、云南、广西、广东、福建和台湾等地。日本、朝鲜也有分布。生于山坡林中、林缘、灌丛中、草地、荒地、田间、路旁或溪旁。

用途:根、叶入药,治热性出血;叶治瘀血,外用治恶疮。

97　蒲公英 *Taraxacum mongolicum*

别名：黄花地丁、婆婆丁、姑姑英、地丁

科名：菊科

属名：蒲公英属

形态特征：多年生草本。根圆柱状，黑褐色，粗壮。叶形变化大，倒卵状披针形、倒披针形或长圆状披针形，边缘有时具波状齿或羽状深裂，有时倒向羽状深裂或大头羽状深裂，顶端裂片较大。花葶一至数个，与叶等长或稍长，密被蛛丝状白色长柔毛；头状花序；总苞钟状，淡绿色；总苞片2～3层；舌状花黄色，边缘花舌片背面具紫红色条纹。花期4～9月，果期5～10月。

产地生境：全国都有分布。广泛生于山坡草地、路边、田野、河滩。朝鲜、蒙古、俄罗斯也有分布。

用途：全草供药用，有清热解毒、消肿散结的功效。

98　卷丹 *Lilium tigrinum*

科名：百合科

属名：百合属

形态特征：鳞茎近宽球形，径4～8 cm；鳞片宽卵形，白色。茎高0.8～1.5 m，带紫色条纹，具白色绵毛。叶散生，矩圆状披

针形或披针形;上部叶腋有珠芽。总状花序有花 3～6 朵或更多;花橙红色,有紫黑色斑点;外轮花被片披针形,内轮花被片稍宽,蜜腺两边有乳头状突起,尚有流苏状突起,开放后向外反曲。花期 7～8 月。

产地生境:产于江苏、浙江、安徽、江西、湖南、湖北、广西、四川、青海、西藏、甘肃、陕西、山西、河南、河北、山东和吉林等省区。各地均有栽培。日本、朝鲜也有分布。多生于山沟或多砾石山地。

用途:鳞茎富含淀粉,供食用,亦可作药用,功效同百合。过去南京、宜兴一带产的食用百合就是本种。现在全国各地广泛栽培。花朵大而美丽,是紫金山花朵最大的一种植物,园林上现常作为观赏花卉栽培。花含芳香油,可作香料。

99 老鸦瓣 *Amana edulis*

别 名:山慈菇、光慈菇

科 名:百合科

属 名:老鸦瓣属

形态特征:鳞茎卵圆形,皮纸质,里面白色、肉质。基生叶通常 2 枚,长条形。花单朵顶生,靠近花的基部具二枚对生(或三枚、四枚轮生)的苞片,苞片狭条形;花被片狭椭圆状披针形,白色,背面有紫红色纵条纹。蒴果近球形,花柱宿存形成长喙。花期2~3月,果期3~4月。

产地生境:我国自北部南延至长江流域、贵州等地都有分布。朝鲜、日本也有分布。野生于山坡草地、荒地及路旁。

用途:鳞茎供药用,有消热解毒、散结消肿之效,也可提取淀粉酿酒或制酒精。花于早春开放,园林上可栽培作为早春的地被观赏植物。

100　石蒜 *Lycoris radiata*

别名:彼岸花、龙爪花、蟑螂花

科名:石蒜科

属名:石蒜属

形态特征:鳞茎宽椭圆形至近球形,直径2~4 cm。秋季出

叶,叶狭带状,深绿色,中间有粉绿色带,花茎枯萎后就伸出。花茎高 30～60 cm;伞形花序有花 4～7 朵,花鲜红色;花被裂片狭倒披针形,强度皱缩和反卷,花被筒绿色;雄蕊显著伸出于花被外,比花被长 1 倍左右。花期 8～9 月。

产地生境:分布于山东、河南、安徽、江苏、浙江、江西、福建、湖北、湖南、广东、广西、陕西、四川、贵州、云南。日本也有分布。野生于阴湿山坡和溪沟边,庭院也可栽培。

用途:鳞茎有解毒、祛痰、利尿、催吐、杀虫等功效,但有小毒;主治咽喉肿痛、痈肿疮毒、瘰疬、肾炎水肿、毒蛇咬伤等。其提取物石蒜碱具一定的抗癌活性,并能抗炎、解热、镇静及催吐;提取物加兰他敏和力可拉敏(二氢加兰他敏)为治疗小儿麻痹症的要药。

石蒜是优良的宿根草本花卉,被广泛栽培作为地被观花植物。冬赏其叶,秋赏其花。园林中常用作背阴处绿化或林下地被花卉、花境丛植或山石间自然栽植,也是美丽的切花。

扫一扫，查看
紫金山动物资源

· 动物的分类

　　动物是生物的一个主要类群，是以有机物为食，能感觉，可运动，能够自主活动之物。

　　动物分类是动物分类学家根据自然界动物的形态、身体内部构造、胚胎发育的特点、生理习性、生活的地理环境等特征，进行综合研究，将特征相同或相似的动物归为一类，给它们命名。

　　动物系统经历了由简单到复杂，由低级到高级的进化历程，生活在今天地球上的已知动物大约有150万种。动物的种类多种多样，一般将动物界分为34个门，根据体内有无脊柱可以把动物分为脊椎动物和无脊椎动物两大类。脊椎动物的体内有由脊椎骨构成的脊柱，无脊椎动物的体内没有脊柱。无脊椎动物包括原生动物门、腔肠动物门、扁形动物门、线形动物门、环节动物门、节肢动物门等，脊椎动物包括鱼类、两栖类、爬行类、鸟类和哺乳类。这其中种类最多、数量最大、分布最广的是节肢动物，第二大类群是鱼纲，有 22 000 多种鱼类，超过其他各种脊椎动物数目的总和。动物界中最大的一纲为节肢动物门中的昆虫纲，已知的有 100 万种以上。

· 紫金山常见动物种类识别

一、脊索动物门

脊索动物门（Chordata）是动物界最高等的一门，共同特征是在其个体发育全过程或某一时期具有脊索、背神经管和鳃裂。全世界已知有 7 万多种，现生的种类有 4 万多种，分 3 个亚门：尾索动物亚门（Urochordata）、头索动物亚门（Cephalochordata）、脊椎动物亚门（Vertebrata）。其中，脊椎动物亚门为此门最重要和最多的类群，包括圆口纲（Cyclostomata）、软骨鱼纲（Chondrichthyes）、硬骨鱼纲（Osteichthyes）、两栖纲（Amphibia）、爬行纲（Reptilia）、鸟纲（Aves）和哺乳纲（Mammalia）。

（一）哺乳纲

哺乳动物是动物界进化最高等的、适应能力最强的动物类群。从数千米的深海到海拔 5 000 m 以上的高山，从高寒地带到热带雨林，到处都有哺乳动物的足迹。据 Wilson 等统计，全世界有哺乳动物 5 416 种。我国哺乳动物的研究起步较晚，最新统计达到 673 种。我国为全球哺乳动物多样性最丰富的国家之一，其中特有种如大熊猫、金丝猴、雪豹等有 146 种。

根据近些年的调查，紫金山野生哺乳动物种类达到 23 种，其中最珍贵的为国家二级保护动物河麂。

1 **东北刺猬 *Erinaceus amurensis***

刺猬是属于猬亚科（Erinaceinae）的一类猬形目哺乳动物的统称，共有 5 个属。其中猬属（*Erinaceus*）的刺猬分布最普遍，广泛分布在欧洲、亚洲北部，在中国的北方和长江流域也分布很广，在苏南民间又被称为"偷瓜獾"。

东北刺猬,别名黑龙江刺猬、刺球,为猬科刺猬属兽类。

形态特征:中国体型最大的刺猬之一。体重 800～1 200 g,体长 150～290 cm,尾长 17～42 cm,后足长 34～54 cm,耳长 16～26 cm,接近于耳周围棘刺的长度。从上额至臀部覆盖有棘刺,在受惊或者遇到天敌时,身体可以蜷曲成刺球状。头部正中头皮裸露,在棘刺中间形成一条向后延伸的沟。大部分棘刺中段颜色偏黑,两端颜色偏浅,但是颜色深浅程度存在较大的变异,有部分棘刺为纯白色。吻部与其他属的刺猬相比较长,脸部的毛色均一,脸部和腹部毛色为棕灰色至污黄色。前后足均具5 趾。

地理分布:广泛分布于中国东北、华北和长江中下游地区,分布区向北一直延伸至俄罗斯和朝鲜半岛。

物种评述:东北刺猬可栖息于海平面至海拔 2 000 m 的多种生境,在山地森林、草原、灌木林等天然环境,以及农田、荒地等人工环境中都有记录,也会利用草垛、柴堆等营造巢穴冬眠。刺猬是典型的夜行性动物,白天通常躲在洞穴、草堆等隐蔽的栖

息场所。食性偏向于杂食,可以取食各种昆虫,青蛙、蜥蜴等小型脊椎动物,也会取食水果等植物性食物。在寒冷的季节会进入冬眠。

在野生环境自由生存的刺猬会为公园、花园、小院清除虫蛹、老鼠和蛇,是不用付薪水的"园丁"。当然,有时难免也会偷吃一两个果子,这只能说明他饿极了。刺猬扒洞为窝,白天隐匿在巢内,黄昏后才出来活动。虽然身单力薄,行动迟缓,却有一套保护自己的好本领。刺猬身上长着粗短的棘刺,连短小的尾巴也埋藏在棘刺中。当遇到敌人袭击时,他的头朝腹面弯曲,身体蜷缩成一团,包住头和四肢,浑身竖起钢刺般的棘刺,宛如古战场上的"铁蒺藜",使袭击者无从下手。

刺猬因其捕食大量有害昆虫,对人类来说是益兽。我们如果偶遇了这些"小天使",请不要惊扰它们,要知道它们可是对任何风吹草动都敏感得很。

2　赤狐　*Vulpes vulpes*（Linnaeus,1758）

赤狐,别称红狐、草狐、南狐、火狐、银狐、十字狐。属动物界、脊索动物门、哺乳纲、食肉目、犬科、狐属动物。本种共有 47 个亚种。

形态特征:赤狐是中小体形的犬科动物,具有相对细长的四肢,是体形最大的狐狸。成兽体长 62～72 cm,肩高 40 cm,尾长 20～40 cm,体重 5～7 kg。毛色因季节和地区不同而有较大变异,一般背面棕灰或棕红色,腹部白色或黄白色,尾尖白色,耳背面黑色或黑褐色,四肢外侧黑色条纹延伸至足面。雄性体形略大。

地理分布：赤狐是全球分布范围最广的陆生食肉动物，遍布欧亚大陆（除东南亚热带区）和北美洲大陆，并被人为引入至澳洲大陆等地。在我国，赤狐历史上广泛分布于除台湾、海南以外的各地区。

物种评述：赤狐分布范围广，被描述的亚种众多。近期基于全球赤狐样品的分子生物学研究结果显示，赤狐最早起源于中东地区，然后向外辐射扩散。

赤狐听觉、嗅觉发达，性狡猾，行动敏捷，适应能力极强，可生活于森林、灌丛草地、半荒漠、高海拔草甸、农田，甚至人类定居点周边等各种生境。其分布的海拔范围可上至 1 500 m。为杂食性动物，食物包括小型啮齿类、野兔、鼠兔、鸟类、两栖类、爬行类昆虫、植物果实、植物茎叶等，在冬季与早春赤狐食腐的比例会增加，相当程度地依靠取食死亡动物尸体来应对食物短缺。白天、夜晚均较为活跃，没有特定的活动高峰。赤狐常据洞栖息或产仔育幼，也会利用旱獭等动物的旧洞，通常为独居，但母狐携带幼崽活动的母幼群也可经常见到。繁殖模式为单配制，公狐也会参与照顾幼崽。母狐在 3～5 月产仔，窝仔数 1～10 只。历史上，赤狐曾被广泛猎杀，以获取其毛皮用作衣料与装饰。

3 **貉**(hé) *Nyctereutes procyonoides*(Gray,1834)

貉,别称貉(háo)子、狸、椿尾巴、毛狗、浣熊。属脊索动物门、哺乳纲、兽亚纲、食肉目、犬科、貉属。貉属为单型属,传统观点认为,其祖先为犬科内较为原始的支系。种下共分为 6 个亚种。

形态特征:貉头体长 49～71 cm,尾长 15～23 cm,体重 3～12.5 kg。整体形态更类似于浣熊而不像典型的犬科动物。体型小,腿不成比例地短,外形似狐。前额和鼻吻部白色,具有黑色或棕黑色"眼罩"。颊部覆有蓬松的长毛,形成环状领;背的前部有一交叉形图案;胸部、腿和足为暗褐色。体态一般矮粗,尾长小于头体长的 33%,且覆有蓬松的毛。背部和尾部的毛尖黑色,背毛浅棕灰色且混有黑色毛尖。我国南方各省的貉体形较小。

地理分布:貉历史上广泛分布于东亚与东北亚,包括库页岛与日本列岛,并被人为引入欧洲。在我国广泛分布于从东北经华北至华中、华东、华南与西南的广大地区。

物种评述:貉常见于开阔和半开阔生境,例如稀疏的阔叶林、灌丛、草甸、湿地,且常接近水源。貉喜好在下层植被丰富的开阔林地觅食。虽然貉的主要食物为啮齿类小兽,但与其他犬科动物相比,貉的食性更杂。它们会捕食啮齿类、两栖类、软体动物、鱼类、昆虫、鸟类(包括鸟卵)等动物,并取食植物的根、茎、种子和各类浆果与坚果。貉行动不如豺、狐敏捷,时常弓背行走,奔跑很慢;貉能巧妙地攀登树木,也会游水捕鱼。貉为夜行性动物,通常独居,但有时也可见到成对活动或家庭群集体活动。

貉有冬眠的特性,立冬后到次年 2 月,野生貉隐居在巢穴里,活动减少,少食,呈昏睡状态,消耗体内积存的脂肪,以度过食物奇缺和风雪交加的严冬。但这与真正冬眠又不相同,它们往往在融雪天气中也出来活动。貉这一冬季睡眠的习性在犬科中是独有的。貉为单配制,在春季繁殖,每窝产仔 5~8 只。历史上,貉被人类广泛捕猎以获取肉食或毛皮;同时,由于貉会捕食家禽和采食农作物,也是造成人兽冲突的野生动物之一。貉被作为毛皮兽而广泛养殖,因此在中国和国外均可见到养殖个体逸为野生的现象。

4 黄鼬 *Mustela sibirica*(Pallas,1773)

黄鼬,别称黄鼠狼、黄狼、黄皮子,属脊索动物门、哺乳纲、食肉目、鼬科、鼬属动物,共有 12 个亚种。

形态特征:黄鼬体长 28~40 cm,尾长 12~25 cm,体重 210~1 200 g,体形中等,身体细长。整体毛色为棕黄色,面部有黑色或暗褐色的"面罩",吻部和下颌为白色。腹面毛色稍浅于背面,体侧无明显毛色分界线。夏毛颜色较深,冬毛颜色较浅但更密。

四肢、足毛色与身体相同。尾巴蓬松,长度约为头体长的一半,尾尖深色,肛门腺发达。

　　地理分布:黄鼬广泛分布在西伯利亚至远东、朝鲜半岛、中国大部,以及库页岛等近陆岛屿,并沿喜马拉雅山脉南麓向西延伸至印度、巴基斯坦北部部分地区。在我国,黄鼬广泛分布于除西北部干旱与高原区域之外的广大地区。

　　物种评述:黄鼬分布在从海平面到上至 5 000 m 之间的广阔海拔范围,见于原始林、次生林、灌木、种植园、村庄周围的农田等多种生境,适应能力极强,在城市内也可经常见到。黄鼬食性广泛,包括啮齿类、食虫类、鸟类、两栖类、无脊椎动物、植物浆果、坚果等,有时亦捕食家禽。它们可进入鼠类等猎物的洞穴内捕食。黄鼬在夜间和晨昏较为活跃,通常为独居,一般在 2~3 月交配,4~6 月产仔,窝仔数 2~12 只,平均 5~6 只,寿命为 10~20 年。

　　其实黄鼬和猫一样,都是老鼠的天敌。每只黄鼬一天时间可以捕捉 6~7 只老鼠,一只黄鼬一年可吃 1 600~3 300 只老鼠。特别是在黄鼬的繁殖季节,会消灭更多的老鼠,同时它们还会吃森林里的各种有害昆虫，可以说是我们森林的小帮手。虽然在食物短缺的时候，它们会对家禽进行攻击，但是在食物不短缺的时候，它们会远离人类的视线。黄鼬作为食物链的一环，有其存在的价值，人类还是尽量不要去伤害它。

5 鼬獾 *Melogale moschata*（Gray，1831）

鼬獾，别名鱼鳅猫、白鼻狸、白额狸、山獾、猪仔狸。属脊索动物门、哺乳纲、食肉目、鼬科、鼬獾属动物，共有 7 个亚种。

形态特征：鼬獾体形介于貂属和獾属之间，体重 1～1.5 kg，体长 315～417 mm。整体轮廓与大型鼬类近似，但比鼬类更显粗壮，四肢比例更长。鼻吻部发达，鼻垫与上唇间被毛，颈部粗短，耳壳短圆而直立，眼小且显著。鼬獾具有黑白相间的毛色，颊部为白色，两眼之间有一块心形的白斑，眼周具一个近似三角形的黑色"眼罩"。吻部与额部为黑色，头顶正中有一条白色条纹，向后延伸至枕部。尾长接近头体长的一半，与同域分布的猪獾和亚洲狗獾相比，鼬獾的体形明显更小、更纤细，尾巴长且蓬

松,占身体比例远高于猪獾和狗獾,而小于缅甸獾。

地理分布:鼬獾分布区包括中国、越南、老挝、缅甸、印度。在我国主要分布于华中、华东与华南的中低海拔区域,以及近陆的台湾、海南,并向南延伸至东南亚中南半岛的东部和东喜马拉雅南麓的印缅地区。

物种评述:鼬獾是典型的亚热带与热带兽类,见于森林、灌丛、草地,以及接近人类的农业区等多种生境。杂食性,主要食物为蚯蚓、昆虫等土壤无脊椎动物,也取食植物果实和种子,同时会捕食小型兽类、爬行类和鸟蛋。可爬树,以夜行性活动为主,营独居,偶见 2~4 只个体一起活动。家域范围 0.5~4.7 km^2。对其自然史,我们所知甚少。来自不同地区的记录显示,鼬獾的繁殖季在 3 月前后,母兽在 5~12 月间均可产仔,每胎 1~4 只。

6 狗獾 *Meles leucurus*(Hodgson,1847)

狗獾,亦称亚洲狗獾、麻獾、山獾。是脊索动物门、哺乳纲、食肉目、鼬科、狗獾属动物,共有 14 个亚种。

形态特征:狗獾头体长 50～90 cm,尾长 11.5～20.5 cm,体重 3.5～17 kg。身体矮壮,长有圆锥形的头部和突出的吻鼻部,与猪獾的体形及整体毛色相近。背部及体侧毛色沙黄至灰白,四肢及胸腹为灰黑色至黑色。与猪獾的区别在于,狗獾裸露的鼻部为黑色,且鼻子与上唇之间非裸露,覆有短毛。两者之间另一个显著区别是,狗獾的喉部为黑色,而猪獾喉部为白色,同时,狗獾具有独特的面部斑纹,具窄长的黑色贯眼纵纹,使得其脸颊显得比猪獾更白净。部分狗獾个体的背部和体侧的毛色较淡,甚至呈现出整体近白的形态。

地理分布:狗獾的分布区包括东亚的大片区域,并向东西方向延伸至中亚与远东,包括俄罗斯、中国、蒙古、朝鲜半岛、哈萨克斯坦、乌兹别克斯坦。在中国,狗獾广泛分布于除台湾和海南以外的大陆各省区。

物种评述:狗獾在森林或开阔生境中栖息,在中国西部可上至海拔 4 500 m 的高山、亚高山灌丛与草地。当与猪獾同域分布时,狗獾通常出现在海拔更高、更为干旱的生境中。狗獾是杂食性动物,食性广泛,食物包括昆虫、蚯蚓等无脊椎动物、爬行类、两栖类、鼠兔和啮齿类等小型兽类以及植物的根、茎、果实和大型真菌等。它们通常以家庭群为单位群居生活,在地下挖掘具有多个洞室的复杂洞穴系统,洞穴入口附近常可发现其规律性排粪的"厕所"。狗獾性情凶猛,但不主动攻击家畜和人,当被人或猎犬紧逼时,常发出短促的"哺哺"声,同时能挺起前半身以锐利的爪和犬齿回击。狗獾每年繁殖一次,9～10 月雌雄互相追逐,进行交配,次年 4～5 月产仔,每胎 2～5 仔。幼仔一个月后睁眼,幼兽除头部白色外,周身均被灰白色绒毛,而背部及四肢稍黑,常发出"叽叽"的叫声。6～7 月幼兽跟随母兽活动和觅食,秋季仔獾离开母兽独立生活,三年后性成熟。

7 **猪獾 *Arctonyx albogularis*（Blyth,1853）**

猪獾,别称沙獾、山獾。属动物界、脊索动物门、哺乳纲、食肉目、鼬科、猪獾属动物,共有 6 个亚种。

形态特征:猪獾是中等体形的食肉动物,头体长 54 ～ 70 cm,尾长 11～22 cm,体重 5～10 kg。身体矮壮结实,有长圆锥形的头部和一个形似于猪鼻的肉粉色吻鼻部。头大颈粗,耳小眼也小。尾短,一般不超过 200 mm。猪獾最明显的形态特征是其头颈部黑白相间的独特毛色。两颊、喉部、颈侧、耳缘以及头部中央为白色或黄白色。有两条宽大的黑色贯眼纹从鼻喉部经眼睛一直延伸至颈后。两颊中央还各具一条较短的黑色条纹,猪獾的腹部、四肢和足均为黑色或暗棕色,身体及背部为棕黑色或灰黑色,尾巴蓬松为白色或污白色,通常和身体对比明显,部分幼体及亚成体的身体毛色较浅,呈灰白色。

地理分布:猪獾的分布范围从印度东北部延伸至我国华中、华南与华北,乃至蒙古。在我国,猪獾主要分布在除新疆和台湾、海南以外的西南、华中、华东、华南至华北和东北局部的广大地区。

物种评述：猪獾可分布在海拔 200～4 400 m 之间的多种生境，包括森林、灌丛，在农田和村落周边也常可见到。猪獾长有强壮有力的四肢和长爪，善于挖掘，喜欢穴居，具有夜行性。猪獾性情凶猛，当受到敌害时，常将前脚低俯，发出凶狠的吼声，吼声似猪，同时能挺立前半身以牙和利爪做猛烈的回击。能在水中游泳，视觉差，但嗅觉灵敏，找寻食物时常抬头以鼻嗅，或以鼻翻掘泥土。猪獾有冬眠的习性，通常在 10 月下旬开始冬眠，次年 3 月开始出洞活动。猪獾为杂食性动物，主要以蚯蚓、昆虫等无脊椎动物，爬行类、两栖类、鼠兔和啮齿类等小型兽类，以及植物的根、茎、果实和大型真菌等为食，也吃玉米、小麦、土豆、花生等农作物。猪獾的天敌是豹、棕熊等大型食肉动物。猪獾发情、交配在 4～9 月，于次年的 4～5 月产仔，每胎 2～4 只，哺乳期约为 3 个月，幼仔 2 岁达到性成熟。寿命大约为 10 年。

8 花面狸 *Paguma larvata*（C. E. H. Smith，1827）

花面狸，又称果子狸。属动物界、脊索动物门、哺乳纲、食肉目、灵猫科、花面狸属动物，现有 17 个亚种，中国有 9 种。所属的花面狸属只有这一个物种，与本科其他物种同属于食肉动物中的原始类群。

形态特征：花面狸是大型灵猫科动物，头体长 51～87 cm，尾长 51～64 cm，体重 3～5 kg。身体结实、尾巴粗长但四肢较短。不同地区分布的花面狸毛色有所差异，通常是浅棕色至棕灰色，偶见浅棕黄色，但头颈，四肢和尾中后部均为黑色。腹面毛色较背面与体侧为浅。花面狸的身体、尾巴上没有斑点或条纹，这是与同域分布的其他大部分灵猫科物种（例如椰子狸、大灵猫、小灵猫）在外观上的最大区别。花面狸头部具有标志性的黑白"面罩"，包括黑色的眼周、头部正中并向后延伸至枕部的白色条纹、眼下颊部的白斑以及耳基的白斑。尾巴粗壮且长，约为体长的 2/3。

地理分布：在所有灵猫科动物中，花面狸是分布范围最广的物种，分布区主要包括华中、华南，并向西延伸至喜马拉雅山脉南麓，向南延伸至东南亚中南半岛、苏门答腊岛与加里曼丹岛。在我国，花面狸分布于除黑龙江、吉林、辽宁、天津、内蒙古、新疆、青海东部以外的各省区。

物种评述：花面狸亦称果子狸，为单型属，可以在原始常绿阔叶林至次生落叶阔叶林和针叶林等几乎所有的森林中生活，在农田、村庄附近也可发现。分布区可覆盖从海平面到海拔 3 000 m 以上的广大的海拔范围。花面狸是杂食性动物，包括乔木果实、灌木浆果、植物根茎、鸟类、啮齿类和昆虫等，偶尔也会捕食家禽，并常常食腐。花面狸具有灵活的爬树能力，在果实成熟的季节，会在树上取食各类浆果，例如野樱桃和杨梅，并因此被称为果子狸。为夜行性动物，白天时主要在洞穴中休息。营独居，但也常见到2～5只个体集群活动。在我国西南的高海拔山地森林中，花面狸在冬季时会大大降低其活动强度，进入浅休眠状态。花面狸夏季产仔，每胎产1～5仔，1岁达到性成熟，寿命为15年。在人类定居区周边，花面狸会给果园带来损失。花面狸已被证实为多种动物传染病毒（例如SARS病毒）的重要中间宿主。在我国花面狸的人工饲养繁殖非常普遍，以提供毛皮和肉食。饲养个体逸为野生的现象也时有发生。

9　野猪 *Sus scrofa*（Linnaeus，1758）

　　野猪，又称山猪，属动物界、脊索动物门、哺乳纲、偶蹄目、猪科、猪属动物。野猪分为欧洲野猪和亚洲野猪，在全世界有27个亚种。

　　形态特征：野猪体形健壮，四肢粗短，头较长，耳小并直立，吻部突出似圆锥体，其顶端为裸露的软骨垫（也就是拱鼻）。每

脚有四趾,且硬蹄,仅中间二趾着地。尾巴细短,犬齿发达,雄性上犬齿外露,并向上翻转,呈獠牙状。野猪耳披有刚硬而稀疏针毛,背脊鬃毛较长而硬;整个体色棕褐或灰黑色,因地区而略有差异。幼崽体表有棕色和浅黄色相间的纵向条纹,并随年龄增长在第一年中逐渐消失。

地理分布:野猪是全世界所有陆生兽类中分布范围最广的物种之一,广泛分布于欧亚大陆、近陆岛及非洲,并被人为放入到除南极洲以外的各大陆。国内广泛分布于除青藏高原、内蒙古高原及西北荒漠以外的东北、华北至华中、华东、华南、西南的广大地区(通常海拔低于3 500 m)。

物种评述:以前紫金山是没有野猪的,近年来,由于周边牛首山、幕府山、栖霞山、汤山、青龙山等山上几乎都有野猪存在,加上周边地区有人工饲养的野猪,造成野猪流窜进入紫金山。紫金山山上食物和水源充足,很少有人狩猎,野猪的增长速度颇快,甚至经常走入人类生活的环境。

野猪栖息于山地、丘陵、荒漠、森林、草地和林丛间,环境适应性极强。栖息环境跨越温带与热带。杂食性,可以取食所遇到的几乎所有可吃的食物,包括植物根茎、枝叶、浆果、坚果、农作物、无脊椎动物、小型脊椎动物等,它们也会取食动物尸体残骸(食腐)。野猪通常群居,但社会结构松散,独居个体、母幼群或混合群都可以经常见到。野猪具有较强的繁殖力,窝仔数通常5～10只以上,成年雌性每年可繁殖两窝。在其分布区内,是大型食肉动物(例如虎、豹和豺)的重要猎物物种。野猪是大部分家猪品系的野生祖先,可以与家猪杂交,在部分山区可以见到人工繁育的杂交后代。在农、林交界地区,会频繁在农田或种植园内取食,是引发人兽冲突的主要物种之一。

10　河麂 *Hydropotes inermis*（Swinhoe，1870）

河麂，别名獐、牙獐、土麝、香獐。为动物界、脊索动物门、哺乳纲、偶蹄目、鹿科、獐属动物。河麂有 2 个亚种，一种是河麂高丽亚种 *Hydropotes inermis argyropus*，另一种是河麂指名亚种 *Hydropotes inermis inermis*。紫金山的为指名亚种。

形态特征：河麂为小型鹿类，头体长 90～105 cm，体重 14～17 kg，肩高与臀高大致相等，雌雄均不具角。雄兽上犬齿发达，其长约 5 cm，略弯，呈獠牙状，露于口外。四肢粗壮发达，蹄粗钝，尾短几乎被臀部的毛所遮盖。体毛多棕黄色、灰黄色，浓密粗长，体侧及腰部的冬毛长达 30 mm；雌雄均有腹股沟腺（鼠鼷腺）。初生河麂暗褐色，有浅棕色斑点，随胎毛更换而逐渐消失，幼河麂背部有白斑和白纹。

地理分布：河麂当前的分布区分为相互隔离的南北两片。北部位于朝鲜半岛西部至我国辽宁半岛，南部位于我国华东地

区。在我国河麂分布于辽宁、浙江、上海、江苏、安徽、江西。此外，还被人为引入英国和法国。

物种评述：河麂生活于山地草坡灌丛、草坡中，不上高山，喜欢在河岸、湖边等潮湿地或沼泽地的芦苇中生活。河麂主要以杂草嫩叶，多汁而嫩的植物树根、树叶等植物性食物为食。独居或成双活动，最多 3～5 只在一起。行动时常为蹿跳式，迅速。河麂生性胆小，两耳直立，感觉灵敏，善于隐藏，也善游泳，人难以近身。发情期为每年 11～12 月，每年 5～7 月为产仔高峰期。由于人类捕猎和栖息地变化，其现有分布区相当破碎，种群数量稀少。

保护级别：国家二级重点保护野生动物。

11 松鼠 *Sciurus vulgaris*（Linnaeus，1758）

松鼠，又称北松鼠、欧亚红松鼠。北松鼠属动物界、脊索动物门、哺乳纲、啮齿目、松鼠科、松鼠属的一种动物。松鼠属中仅有北松鼠一种分布于我国境内，但种下的地理变异较大，在全世界有 23 个亚种。

形态特征：典型树栖类松鼠，头体长 20～22 cm，体重为 28～35 g。尾长 18 cm，长而蓬松，大约是体长的 2/3。个体毛色在不同季节差异较大，冬季一般以灰色为主，软而绒厚；夏季毛色较深，短而粗。背部一般以黑、黑褐色或红棕色为主，腹部中央部分从喉、颈、胸、腹部至鼠蹊和四肢内侧均为纯白色。在每年的 8～11 月期间，耳端部簇毛显著。

地理分布：国外分布于日本、朝鲜半岛、蒙古，经俄罗斯至欧洲。国内分布于东北三省、内蒙古、河北、河南、陕西、山西及新疆等地。

物种综述：对紫金山来说，北松鼠属于外来物种，应该是被游客放生后存活下来的。北松鼠主要生活于温带及亚寒带针叶林或针阔叶混交林中，主要以松树等树木的种子为食，也吃蘑菇、嫩芽、野果及昆虫等，是北方林区的常见类群。北松鼠营树栖生活，在大树上筑巢。日间活动，活跃时间主要在早上及午后到傍晚。它生性活泼，善于纵跳，觅食时多单独行动，胆怯并拒绝分享食物。北松鼠有一个习惯就是不管天气怎么寒冷，它都不在窝里吃食，而是坐在树枝上，面向朝阳，前肢抱着食物送入口中，津津有味地咀嚼品尝，时而竖耳侧听，时而转动双眼环顾四周，举止滑稽，令人发笑。北松鼠不冬眠，有贮藏食物过冬的习惯，在大森林里，人们常常会发现高高的松树顶的树杈间晾晒着蘑菇，这就是松鼠储存的食物之一。交配期一般在 2～3 月的晚冬季节，或在 6～7 月的夏天。每年最多可产两窝，每窝 3～4 只，最多 6 只。怀孕期为 38～39 天，寿命 3～7 年。天敌很多，在紫金山有野猫、黄鼬、猫头鹰、灰喜鹊等。

12　褐家鼠 *Rattus norvegicus*（Berkenhout，1769）

褐家鼠，也称褐鼠、大家鼠、白尾吊、粪鼠、沟鼠。褐家鼠属脊索动物门、哺乳纲、啮齿目、鼠科、大鼠属的动物，在全世界有 4 个亚种。

形态特征:褐家鼠为中型鼠类,体粗壮,体长 170～250 mm,
体重 106～133 g。耳短而厚,向前翻不到眼睛。后足长 35～
45 mm。尾显著短于体长,尾二色,上面灰褐色,下面灰白色,尾
部鳞环明显。褐家鼠背毛棕褐色或灰褐色,年龄愈老的个体,背
毛棕色色调愈深。腹毛灰色,略带污白。老年个体毛尖略带棕
黄色调。

地理分布:原产于俄罗斯西伯利亚、中国黑龙江、朝鲜北部及
日本。后被引入到世界各地。在野外,主要分布于地球高纬度的
冷环境;在温暖地区,主要分布于房屋内。国内各地均有分布。

物种评述:褐家鼠栖息地非常广泛,在河边草地、灌丛、庄稼
地、荒草地以及林缘、池边都有,但大多数在居民区,主要栖居于
人的住房和各类建筑物中,特别是在牲畜圈棚、仓库、食堂、屠宰
场等处数量最多。褐家鼠是一种家族性群居鼠类,可以几个世
代同在一个洞系居住,但雄性之间时常进行咬斗。褐家鼠属昼
夜活动型,以夜间活动为主。无冬眠现象。褐家鼠活动能力强,
善攀爬、弹跳、游泳及潜水,能平地跳高 1 m,跳远 1.2 m。褐家
鼠行动敏捷,嗅觉与触觉都很灵敏,但视力差,记忆力强,警惕性
高,多沿墙根、壁角行走,行动小心谨慎,对环境改变十分敏感。
褐家鼠为杂食性动物,食谱广而杂,几乎所有的食物,以及饲料、
工业用油乃至某些润滑油,甚至垃圾、粪便、蜡烛、肥皂等都可作
为它的食物。在居民区室内,喜吃肉类、蔬菜、水果、糕点、糖类
等,还咬食雏禽、幼畜等;在野外,以作物种子、果实为食,也捕食
小鱼、虾、蟹、大型昆虫、蛙类等,甚至捕食小鸡、小鸭等家禽。褐
家鼠繁殖力很强,只要环境和气候适宜,食物丰盛,一年四季均
可繁殖,春秋两季为繁殖高峰期。一年生 6～10 胎,每胎 4～
10 仔,最高可达 17 仔。母鼠产后即可受孕,怀孕期 20～22 天。
初生仔鼠生长快,一周内长毛,9～14 天开眼,3 个月性成熟即可
交配生殖,并可保持 1～2 年的生殖势能。寿命可达 3 年。

13 华南兔 *Lepus sinensis*（Gray，1832）

华南兔,别称山兔、短耳兔、糯毛兔、野兔等,属动物界、脊索动物门、哺乳纲、兔形目、兔科、兔属的动物,全世界有 3 个亚种。

形态特征:华南兔体形较草兔略小,体重 1 000～1 900 g,体长一般在 400 mm。显著特点是耳短,一般不超过 80 mm。尾短,一般不超过 55 mm。身体颜色很艳丽,红褐色或黄褐色。毛短,有针毛。尾黄褐色,身体腹面米黄色,耳尖部有明显的黑色斑块。眼周有环纹,冬毛较淡,浅黄色,杂有黑色。

地理分布:国外边缘性分布于越南北部。国内主要分布于南方沿海地区,包括江苏、浙江、广东、福建、广西、台湾。

物种评述:华南兔的栖息环境甚广。在山区多活动于梯田、林缘耕作区和茶园等处,丘陵地区常栖息于上坡灌丛或杂草丛中,果园、苗圃及农田附近也是野兔经常出没的地方。华南兔昼夜均有活动,喜走人行小道,但白天多隐藏于灌丛和杂草丛中,由于其体色和周围环境甚相似,往往不易发现。华南兔系纯草食性动物,采食各种杂草、树叶、植物花芽、果实、种子、蔬菜、瓜果、根茎及豆类种子等。华南兔的繁殖期较长,每年可繁殖 2～4 窝,每窝 3～5 只。幼兔生出后三四十天便能独立生活。

（二）鸟纲

鸟类是飞禽的总称,是适应于陆地和空中生活的高等脊椎动物。鸟的基本特征就是体表被羽、两足、卵生、体温恒定。全世界现存的鸟类已知有 9 020 多种,我国有 1 400 多种,是世界上鸟类种类最多的国家之一,我国的鸟类分为游禽、涉禽、攀禽、陆禽、猛禽、鸣禽六大类。

在动物的分界上,紫金山处于古北界与东洋界的交界地带,特殊的地理环境和良好的森林生态为鸟类栖息、繁殖提供了理

想场地。根据《南京野生鸟类图鉴》记载,南京地区有留鸟、夏候鸟、冬候鸟、旅鸟 315 种之多,品种最丰富当然非紫金山莫属。紫金山相关调查鸟类达 250 余种,其中属于国家二级保护动物的有鸳鸯、蛇雕、红隼。鸟类是动物界中一个十分重要的类群,它们种类繁多,是生态系统物种多样性的重要组成部分。鸟类与人类关系密切,家禽可提供肉、蛋;一些益鸟可消灭害虫和鼠类,保护农作物及林木,如燕子、猫头鹰等;有些鸟可供观赏。为保护生态环境,要爱护益鸟,禁止捕杀。

1　白鹭 *Egretta garzetta*（Linnaeus, 1766）

白鹭,别名春锄、雪客、鸶禽、白鸟、白鹭鸶、小白鹭、白鹭鸶、白翎鸶,属鹳形目、鹭科、白鹭属的涉禽,全世界有 3 个亚种。

形态特征:为中型涉禽,体长 52～68 cm,体态纤瘦,全身白色;繁殖羽纯白,枕部着生两条长羽,背、胸均披蓑羽。眼先裸露皮肤,夏季粉红色,冬季黄绿色;嘴颈及腿均长,嘴黑色,冬季下嘴基部黄绿色;胫和跗跖部黑色,趾黄绿色;爪黑色。

地理分布:主要分布于非洲、欧洲和亚洲一带。中国主要分布于长江以南、江苏沿海中部地区及我国台湾和广东、海南。

物种评述:部分留鸟,部分迁徙。长江以北繁殖的种群多为夏候鸟,秋季迁到长江以南越冬,春季于 3 月中下旬迁到北部繁殖地。长江以南繁殖的种群多不迁徙,为留鸟,校园常见。栖息于湖泊、溪流、水田、江河与沼泽地带。常在高大树上结群营巢、育雏,且日夜发出嘈杂声;巢简陋,巢距地面的高度常达 10 m 以上。常与其他鹭类混群。主要以鱼、蛙、虾、植物草茎等为食。觅食时常立于河库边的浅水中,头稍下屈,一旦发现猎物,便迅速啄食,有时白鹭在水中站立一个多小时不动。捕食时,单独或三五只小群活动。集群飞翔时发出"哇——"的叫声,平时寂静无声。每窝产卵 3～6 枚,雌雄亲鸟轮流孵卵,以雌鸟孵卵时间较长,孵化期为 25 天。雏鸟晚成性,出生时没有羽毛,不能调节自己的体温,需雌雄亲鸟轮流抱窝,为雏鸟保温或遮阴,共同育雏。保护等级为低危。

2　夜鹭 *Nycticorax nycticorax*（Linnaeus,1758）

夜鹭,别称水洼子、灰洼子、星鸦、苍鹎、星鹎、夜鹤、夜游鹤、黑冠夜鹭、夜鹰、灰洼子星鸦,为鹳形目、鹭科、夜鹭属的涉禽,全世界有 4 个亚种。

形态特征:中型涉禽,体长 46～60 cm,黑白色,头大而体壮。成鸟头、后颈背黑色,具绿色辉光,后颈靠枕部生有两枚白色细长翎羽,上体余部灰色,下体白色,两肋灰色,喙黑褐色,跗蹠和趾黄色。繁殖期腿及眼先呈红色,嘴黑色,脚污黄色。幼鸟上体灰褐色,覆羽、翼羽有白色端斑,使其背部和翼上出现醒目的白斑,下体白色,具黑褐色纵纹。

地理分布:主要分布在中国、日本、印度、东南亚、美洲、非洲、欧洲。在中国北方为夏候鸟,在江苏、上海、安徽、浙江为夏候鸟、留鸟,在南方为留鸟。

物种评述:白天群栖树上休息,停歇的离地高度一般超过 6～7 m。天黑后集成小群,飞至湖泊湿地浅滩觅食,留守林间的少数夜鹭,则在林缘的河边啄捕小鱼。食物包括甲壳类、鱼类(慈鲷、鲤、鲫、胡子鲶等)、螯虾、蛙、昆虫、啮齿类等。天明前夜间觅食活动结束,以小群形式循着原路飞返栖息地。此时,常可听见归鹭发自高空的冗长高亢鸣声,与地面林间留守的夜鹭相呼应,犹如彼此联系引导降落的信号。巢位于高大林木树冠或毛竹上层枝梢间,呈浅盘状,由较粗的树枝交搭而成,较为简陋和粗糙。有修整旧巢重复使用的习性。夜鹭、白鹭和牛背鹭三者之间有相互混居现象,一般夜鹭筑巢于树的近顶层,而白鹭和牛背鹭的巢则位于底层。每窝产卵 3～5 枚,雌雄亲鸟共同孵

卵,孵化期21～22天。雏鸟晚成性,刚孵出时身上被有白色稀疏的绒羽,由雌雄亲鸟共同抚育,经过30多天,雏鸟即能飞翔和离巢。

3 鸳鸯 *Aix galericulata*(Linnaeus,1758)

鸳鸯,别称中国官鸭、乌仁哈钦、黄鸭、官鸭、匹鸟、邓木鸟,属雁形目、鸭科、鸳鸯属的游禽,本种无亚种。

形态特征:体长38～45 cm,体重0.5 kg左右,雌雄异色。雄鸟嘴红色,脚橙黄色,羽色鲜艳而华丽;头部具闪耀的红、绿、紫、白等色的羽冠,两颊宽大的白色眉纹向后逐渐变细并延伸到羽冠处;颈部羽毛金色,翅上生出一对棕黄色扇状翼羽,直立如帆;胸腹部纯白色。雌鸟个体略小,嘴灰色,脚橙黄色,头和整个上体灰褐色,眼周白色,其后连一细的白色眉纹。

地理分布:亚洲东部,包括中国东部、朝鲜半岛、日本。

物种评述:鸳鸯为中国著名的观赏鸟类,被看成爱情的象征。鸳鸯是夏候鸟,春天北飞到东北地区的森林河流地带繁殖,秋季飞到长江中下游地区越冬。在南迁北徙时,它们常常与大群的野鸭,如绿头鸭、罗纹鸭混群觅食。繁殖期主要栖息于山地、森林、河流、湖泊、水塘、芦苇沼泽和稻田地中,冬季多栖息于大的开阔湖泊、江河和沼泽地带。杂食性,食物的种类常随季节和栖息地的不同而有变化,主要以各种草芽、草籽、橡子、苔藓、稻谷及坚果为食,繁殖期间多取食昆虫、小型鱼类和蛙等动物性食物。觅食活动主要在白天。营巢于紧靠水边老龄树的天然树洞中,距地高10～18 m。5月初开始产卵,每窝7～12枚。在雌鸳鸯开始孵化的最初几天,雄鸳鸯隐蔽在树冠枝叶间静静守候,雌鸳鸯会在凌晨短暂外出觅食。孵化开始约一周后,雄鸳鸯独自潜入水草隐蔽处,脱毛换羽。在短短的几天内,飞羽全部脱落,丧失飞行能力,待飞羽长齐后才能飞翔。孵化期28～30天,雏鸟早成性,孵出第二天,雏鸟即能从高高的树洞中跳下来,学习游泳和觅食。

保护级别:国家二级重点保护野生动物。

4　罗纹鸭 *Anas falcata*(Georgi,1775)

罗纹鸭,别称葭凫、镰刀鸭、扁头鸭、早鸭、三鸭,属雁形目、鸭科、鸭属的游禽,本种无亚种。

形态特征:罗纹鸭是中型鸭类,体形较家鸭略小,体长 40～52 cm,体重 0.4～1 kg。雄鸭繁殖期头顶暗栗色,头侧、颈侧和颈冠铜绿色,额基有一白斑;颏、喉白色,其上有一黑色横带位于颈基处。三级飞羽甚长,向下垂,呈镰刀状;下体满杂以黑白相间波浪状细纹;尾下两侧各有一块三角形乳黄色斑。雌鸭较雄鸭略小,上体黑褐色,满布淡棕红色 U 形斑;下体棕白色,满布黑斑。

地理分布:繁殖在西伯利亚东部、远东、我国黑龙江省和吉林省。越冬在中国、朝鲜、日本、中南半岛、缅甸、印度北部。中国主要分布在内蒙古、黑龙江、吉林(繁殖鸟)和台湾(旅鸟)。在黄河下游、长江以南、海南岛越冬。

物种评述:罗纹鸭在紫金山通常 3 月初至 3 月中旬开始往北迁徙,3 月末至 4 月初到达我国河北东北部和东北地区,大量在 4 月中下旬,其中少部分留在当地繁殖,大部分继续往北迁徙。秋季于 9 月中旬至 10 月末南迁,少数迟至 11 月初。主要栖息于江河、湖泊、河湾、河口及其沼泽地带,繁殖期尤其喜欢在偏僻而又富有水生植物的中小型湖泊中栖息和繁殖,冬季也出现在农田和沿海沼泽地带。常成对或成小群活动,冬季和迁徙季节亦集成十余只至数十只的大群。性胆怯而机警,白天多在开阔的湖面、江河、沙洲或湖心岛上休息和游泳,清晨和黄昏才飞到附近农田或游至水边浅水处觅食。飞行灵活迅速,常伴随

着低沉而带颤音的叫声。食性杂,主要以水藻、水生植物嫩叶、种子、草籽、草叶等植物性食物为食,也到农田觅食稻谷和幼苗,偶尔也吃软体动物、甲壳类和水生昆虫等小型无脊椎动物。繁殖期 5～7 月。营巢于湖边、河边等水域附近草丛或小灌木丛中地上,每窝产卵 6～10 枚。孵卵以雌鸟为主,孵化期 24～29 天。雏鸟早成性,出壳后不久即能跟随亲鸟游泳和觅食。

　　该种被列入国家林业局 2000 年 8 月 1 日发布的《国家保护的有益的或者有重要经济、科学研究价值的陆生野生动物名录》。

5　绿头鸭 *Anas platyrhynchos*（Linnaeus，1758）

　　绿头鸭,别称大绿头、大红腿鸭、官鸭、对鸭、大麻鸭、青边、大野鸭,属雁形目、鸭科、鸭属的游禽,共有 3 个亚种。

　　形态特征:大型鸭类,体长 47～62 cm,体重大约 1 kg,外形大小和家鸭相似。雄鸟嘴黄绿色,脚橙黄色,头和颈辉绿色,颈部有一明显的白色领环;上体黑褐色,腰和尾上覆羽黑色,两对中央尾羽亦为黑色,且向上卷曲成钩状;外侧尾羽白色,胸栗色;翅、两胁和腹灰白色,具紫蓝色翼镜,翼镜上下缘具宽的白边,飞行时极醒目。雌鸭嘴黑褐色,嘴端暗棕黄色,脚橙黄色,具有紫蓝色翼镜,翼镜前后缘有宽阔的白边。

　　地理分布:分布于欧洲、亚洲和美洲北部温带水域。越冬在欧洲、亚洲南部、北非和中美洲一带。

　　物种评述:大部分属迁徙型鸟类。春季迁徙在 3 月初至 3 月末,秋季迁徙在 9 月末至 10 月末,部分迟至 11 月初。迁徙分批逐步地进行,特别是秋季迁徙最明显,有时在一个迁徙停息站上,集群达千只以上。通常栖息于淡水湖畔,亦成群活动于江河、湖泊、水库、海湾和沿海滩涂盐场等水域。鸭脚趾间有蹼,但很少潜水;游泳时尾露出水面,善于在水中觅食、戏水和求偶交配。喜欢干净,常在水中和陆地上梳理羽毛,精心打扮,睡觉或休息时互相照看。性较机警,常结小群飞行。习于夜间觅食,主要取食各种杂草种子、茎根,兼食昆虫、贝类、蠕虫及甲壳类等。绿头鸭冬季在越冬地时即已配成对,1月末至2月初即见有求偶行为,3月中下旬大都已经结合成对,繁殖期4~6月。营巢于湖泊、河流、水库、池塘等水域岸边草丛中,地上或倒木下的凹坑处,每窝产卵7~11枚,雌鸭孵卵,孵化期24~27天,6月中旬即有幼鸟出现。雏鸟早成性,雏鸟出壳后不久即能跟随亲鸟活动和觅食。

该种被列入国家林业局2000年8月1日发布的《国家保护的有益的或者有重要经济、科学研究价值的陆生野生动物名录》。

绿头鸭是中国饲养家鸭的祖先。早在公元前475~公元前221年的战国时期,中国就开始饲养和驯化绿头鸭,成了现今大量饲养的家鸭品种。美国生物学家研究发现,绿头鸭具有控制大脑部分保持睡眠、部分保持清醒状态的习性,即绿头鸭在睡眠中可睁一只眼闭一只眼。这是科学家所发现的动物可对睡眠状态进行控制的首例证据。科学家们指出,绿头鸭等鸟类所具备的半睡半醒习性,可帮助它们在危险的环境中逃脱其他动物的捕食。

6 白眉鸭 *Anas querquedula*(Linnaeus,1758)

白眉鸭,别称巡凫、小石鸭、溪的鸭,属雁形目、鸭科、鸭属的游禽,本种无亚种。

形态特征:属小型鸭类,大小和绿翅鸭差不多,体长34~41 cm,体重不到0.5 kg。雄鸭嘴黑色,头和颈淡栗色,具白色细纹;眉纹白色,宽而长,一直延伸到头后。上体棕褐色,两肩与翅为蓝灰色,肩羽延长成尖形,且呈黑白二色。翼镜绿色,前后

均衬以宽阔的白边;胸棕黄色而杂以暗褐色波状斑。两胁棕白色而缀有灰白色波浪形细斑。雌鸭上体黑褐色,下体白而带棕色,眉纹白色。

地理分布:分布于欧洲、亚洲温带水域。越冬在欧洲、亚洲南部。国内属全北界,东北、西北。冬季南迁至北纬35°,台湾及海南地区。

物种评述:每年春季于3月中旬至4月初从南方越冬地迁到华北地区,4月中下旬到达东北和西北繁殖地。秋季于9月末至10月初开始南迁,10月中旬至11月初陆续到达南方越冬地。迁徙时常密集成群。栖息于开阔的湖泊、江河、沼泽、河口、池塘、沙洲等水域中,也出现于山区水塘、河流和海滩上。性胆怯而机警,常在有水草隐蔽处活动和觅食,如有声响,立刻从水中冲出,直升而起。飞行快捷,起飞和降落均很灵活。杂食性,主要以水生植物的叶、茎、种子为食,也吃软体动物、甲壳类和昆虫等水生动物。觅食多在水边浅水处或小型浅水湖泊和水塘中,从不潜水取食。觅食多在夜间,白天在开阔水面或水草丛中休息。繁殖期5～7月。营巢于水边或离水域不远的厚密高草丛中或地上。每窝产卵8～12枚,雌鸟孵卵,雄鸟仅在产卵期间和雌鸟开始孵卵的最初几天留在巢附近,以后则离开雌鸟同别的雄鸟一起到换羽地换羽,孵化期21～24天。雏鸟早成性,孵出后不久即能跟随亲鸟活动,雏鸟经过40多天即能飞翔。

被列入国家林业局2000年8月1日发布的《国家保护的有益的或者有重要经济、科学研究价值的陆生野生动物名录》。

7 蛇雕 *Spilornis cheela*(Latham,1790)

蛇雕,别称大冠鹫、蛇鹰、蛇鵰、白腹蛇雕、冠蛇雕、凤头捕蛇雕,属隼形目、鹰科、蛇雕属的猛禽。本种共有21个亚种,紫金山

的蛇雕为东南亚种 *Spilornis cheela ricketti*（W. L. Sclater, 1919）。

形态特征：蛇雕东南亚种为中型猛禽，体长 55～73 cm。最显著特点是喙灰绿色，蜡膜黄色。跗蹠及趾黄色，爪黑色。上体暗褐色或灰褐色，具窄的白色羽缘。头顶黑色，具显著的黑色扇形冠羽，其上被有白色横斑，尾上覆羽具白色尖端，尾黑色，中间具一宽阔的灰白色横带和窄的白色端斑。飞翔时，从下面看，通体暗褐色，翼下具宽阔的白色横带和细小的白色斑点，尾下亦具宽阔的白色横带和窄的白色尖端，站立时尾常左右摆动。幼鸟和成鸟大体相似，但体色较淡，头顶白色，尖端黑色，下体白色，胸具暗色条纹。

地理分布：分布于泰国、缅甸、印度、巴基斯坦、菲律宾、马来西亚、印度尼西亚和中国。蛇雕东南亚种分布于中国大部分地区，在紫金山为留鸟。

物种评述：蛇雕是一种珍贵的猛禽，栖息和活动于山地森林及其林缘开阔地带，单独或成对活动。主要以各种蛇类为食，也吃蜥蜴、蛙、鼠类、鸟类和甲壳动物。蛇雕的跗蹠上覆盖着坚硬的鳞片，能够抵挡蛇的毒牙的进攻；它的身体上长着宽大的翅膀和丰厚的羽毛，能阻挡蛇的进攻；它的脚趾粗而短，能够有力地抓住滑溜的蛇的身体，使其难以逃脱。蛇雕捕蛇和吃蛇的方式都十分奇特，它先是站在高处，或者盘旋于空中窥视地面，发现蛇后，便从高处悄悄地落下，用双爪抓住蛇体，利嘴钳住蛇头，翅膀张开，支撑于地面，以保持平稳。很多体形较大的蛇常常疯狂地翻滚、扭动，用还能活动的身体企图缠绕蛇雕的身体或翅膀。蛇雕则一边继续抓住蛇的头部和身体不放，一边不时地甩动着翅膀，摆脱蛇的反扑。当蛇渐渐不支，失去进行激烈反抗的能力时才开始吞食。由于捉到蛇后是吞食，不需要撕扯，所以蛇雕的嘴没有其他猛禽发达。但它的颚肌非常强大，能将蛇的头部一口咬碎，然后从头开始吞起。在饲喂雏鸟的季节，成鸟捕捉到蛇

后,并不全部吞下,往往将蛇的尾巴留在嘴的外边,以便回到巢中后,能使雏鸟叼住这段尾巴,然后将整个蛇的身体拉出来吃掉。繁殖期4~6月,营巢于森林中高树顶端枝杈上,每窝产卵1枚,雌鸟孵卵,孵化期35天。雏鸟晚成性,孵出后由亲鸟抚养到60天左右才能飞翔。

保护级别:国家二级重点保护野生动物。

8 雉鸡 *Phasianus colchicus*(Linnaeus,1758)

雉鸡,别称环颈雉、野鸡,属鸡形目、雉科、雉属的陆禽。本种共有 30 个亚种,紫金山的为雉鸡华东亚种 *Phasianus colchicus torquatus*(Gmelin,1789)。

形态特征:体形较家鸡略小,但尾长。雄鸟和雌鸟羽色不同,雄鸟羽色华丽,多具金属反光,头顶两侧各具有一束能耸立起而羽端呈方形的耳羽簇,下背和腰的羽毛边缘披散如发状,翅稍短圆,尾羽18枚,尾长而逐渐变尖,中央尾羽比外侧尾羽长很多,雄鸟尾羽羽缘分离如发状。

地理分布:分布于欧洲东南部、小亚细亚半岛、中亚、中国、蒙古、朝鲜、俄罗斯西伯利亚东南部以及越南北部和缅甸东北部。国内分布于华东地区。

物种评述:栖息于低山丘陵、农田、地边、沼泽草地,以及林缘灌丛和公路两边的灌丛与草地中,分布高度多在海拔1 200 m以下,但在秦岭和中国四川,有时亦可见上到海拔2 000~3 000 m的高度。雉鸡脚强健,善于奔跑,特别是在灌丛中奔走极快,也善于藏匿。秋季常集成几只至十多只的小群进到农田、林缘和村庄附近活动和觅食。杂食性,所吃食物随地区和季节而不同,秋季主要以各种植物的果实、种子、植物叶、芽、草籽和部分昆虫为食,冬季主要以各种植物的嫩芽、嫩枝、草茎、果实、种子和谷物为食,夏季主要以各种昆虫和其他小型无脊椎动物以及部分植物的嫩芽、浆果和草籽为食,春季则啄食刚发芽的嫩草茎和草叶,也常到耕地扒食种下的谷籽与禾苗。繁殖期3~7月,1年繁殖1窝,南方可到2窝。每窝产卵6~22枚,孵化期为23~24天,雏鸟早成性。该种已被列入国家林业局2000年8月1日发布的《国家保护的有益的或者有重要经济、科学研究价值的陆生野生动物名录》。

9　黑水鸡 *Gallinula chloropus*(Linnaeus,1758)

黑水鸡,别称红鸟、江鸡、红骨顶,属鹤形目、秧鸡科、黑水鸡属的涉禽,共有12个亚种。

形态特征:黑水鸡成鸟两性相似,雌鸟稍小。体长24~35 cm,黑白色,额甲亮红,嘴短。体羽全青黑色,仅两肋有白色细纹形成的线条。尾下有两块白斑,尾上翘时此白斑尽显。嘴暗绿色,嘴基红色,脚绿色。

地理分布:除大洋洲外,世界性分布。

物种评述:部分夏候鸟,部分留鸟。长江以北主要为夏候鸟,长江以南多为留鸟。春季于4月中下旬迁到北方繁殖地,秋季于10月初开始迁离繁殖地。栖息于富有芦苇和挺水植物的淡水湿地、沼泽、湖泊、水库、苇塘、水渠和水稻田中,也出现于林缘和路边水渠与疏林中的湖泊沼泽地带。不耐寒,垂直分布高度为海拔400~1 740 m。常成对或成小群活动。善游泳和潜水,能潜入水中较长时间和潜行达10 m以上,能仅将鼻孔露出水面进行呼吸而将整个身体潜藏于水下。游泳时身体浮出水面很高,尾常常垂直竖起,并频频摆动。除非在危急情况下一般不起飞,特别是不做远距离飞行;飞行速度缓慢,也飞得不高,常常紧贴水面飞行,飞不多远又落入水面或水草丛中。主要吃水生植物嫩叶、幼芽、根茎,以及水生昆虫、蠕虫、蜘蛛、软体动物、蜗牛和昆虫幼虫等食物,其中以动物性食物为主。白天活动和觅

食,主要沿水生植物边上游泳,仔细搜查和啄食叶、茎上的昆虫或落入水中的昆虫,有时也在水边浅水处涉水取食。繁殖期为4~7月,营巢于水边浅水处芦苇丛中或水草丛中。每窝产卵6~10枚,雌雄亲鸟轮流孵卵,孵化期19~22天。雏鸟早成性,孵出的当天即能下水游泳。被列入国家林业局 2000 年8月1日发布的《国家保护的有益的或者有重要经济、科学研究价值的陆生野生动物名录》。

10 山斑鸠 *Streptopelia orientalis*(Latham,1790)

山斑鸠,别称斑鸠、金背斑鸠、麒麟鸠、雉鸠、麒麟斑、花翼、山鸽子,属鸽形目、鸠鸽科、斑鸠属的陆禽,共有 6 个亚种。

形态特征:体长约 32 cm,嘴、爪平直或稍弯曲,嘴基部柔软,被以蜡膜,嘴端膨大而具角质;颈和脚均较短,胫全被羽。上体的深色扇贝斑纹体羽羽缘棕色,腰灰,尾羽近黑,尾梢浅灰。下体多偏粉色,脚红色。

地理分布:分布于喜马拉雅山脉、印度、东北亚、日本、中国。国内分布遍及全国各地。

物种评述:栖息于低山丘陵、平原和山地阔叶林、混交林、次生林、果园、农田,以及宅旁竹林和树上。常成对或成小群活动,有时成对栖息于树上,或成对一起飞行和觅食。在地面活动时十分活跃,常小步迅速前进,边走边觅食,头前后摆动。主要吃各种植物的果实、种子、草籽、嫩叶、幼芽,也吃农作物,如稻谷、玉米、高粱、小米、黄豆、绿豆、油菜籽、幼小螺蛳等,有时也吃鳞翅目幼虫、甲虫等昆虫。繁殖时间在 4~7 月。一般年产 2 窝,营巢于森林中树上,距地高多在 1.5~8 m。每窝产卵 2 枚,雌雄亲鸟轮流孵卵,孵卵期 18~19 天。雏鸟晚成性,刚出壳时雏鸟裸露无羽,身上仅有稀疏几根黄色毛状绒羽。由雌雄亲鸟共同抚育,雏鸟将嘴伸入亲鸟口中取食亲鸟从嗉囊中吐出的半消化乳状食物"鸽乳"。经过 18～20 天的喂养,幼鸟即可离巢飞翔。该物种已被列入中国国家林业局 2000 年 8 月 1 日发布的《国家保护的有益的或者有重要经济、科学研究价值的陆生野生动物名录》。

11　珠颈斑鸠 *Spilopelia chinensis*

珠颈斑鸠,又名鸪雕、鸪鸟、中斑、花斑鸠、花脖斑鸠、珍珠鸠、斑颈鸠、珠颈鸽、斑甲,属鸽形目、鸠鸽科、珠颈斑鸠属的陆禽。全世界共有 5 个亚种,紫金山的为珠颈斑鸠指命亚种 *Streptopelia chinensis chinensis* (Scopoli,1786)。

形态特征:体长 30 cm 左右,与鸽子大小相似。通体褐色,颈部至腹部略沾粉色。显著特征是颈部两侧为黑色,密布白色点斑,像许许多多的"珍珠"散落在颈部。尾甚长,外侧尾羽黑褐色,末端白色。

地理分布:国外分布于东南亚、印度、斯里兰卡、缅甸等地。国内分布于华东、华中、华南、台湾等。

物种评述:珠颈斑鸠属留鸟,栖息于有稀疏树木生长的平原、草地、低山丘陵和农田地带,也常出现于村庄附近的杂木林、竹林及地边树上或住家附近。常成小群活动,有时也与其他斑鸠混群活动。栖息环境较为固定,觅食多在地上,受惊后立刻飞到附近树上,飞行快速,但不能持久。珠颈斑鸠是肌胃,研磨能力较强。主食是颗粒状植物种子,例如稻谷、玉米、小麦、豌豆等,或者是初生螺蛳。有时也吃蝇蛆、蜗牛、昆虫等软体动物。珠颈斑鸠每年至少可以繁殖 3 次。每窝产卵 2 枚,雌雄亲鸟轮流孵卵,孵卵期 18～19 天。雏鸟晚成性,由雄鸟和雌鸟轮流照料,喂食鸽乳,18～20 天幼鸟即可离巢飞翔。该物种已被列入中国国家林业局 2000 年 8 月 1 日发布的《国家保护的有益的或者有重要经济、科学研究价值的陆生野生动物名录》。

12 戴胜 *Upupa epops*（Linnaeus，1758）

戴胜，别称胡哱哱、花蒲扇、山和尚、鸡冠鸟、臭姑鸪，为佛法僧目、戴胜科、戴胜属的鸣禽，共有8个亚种。

形态特征：体长 26～28 cm，翼展 42～46 cm，体重 55～80 g，雌雄鸟相似。头顶羽冠长而阔，呈扇形。体羽主要为棕色，两翅和尾大都为黑色，并有白色和棕色横斑。身体羽毛以棕色为主，翅和尾有黑色、白色或棕白色的横斑。嘴黑色、细长而略弯；脚黑色。幼鸟上体色较淡、下体呈褐色。

地理分布：主要分布在欧洲、亚洲和北非地区，在中国有广泛分布。

物种评述：栖息于山地、平原、森林、林缘、路边、河谷、农田、草地、村屯和果园等开阔地带，尤其以林缘耕地生境较为常见。多单独或成对活动，常在地面上漫步行走，边走边觅食，受惊时飞上树枝或飞一段距离后又落地，飞行时两翅扇动缓慢，成一起一伏的波浪式前进。停歇或在地上觅食时，羽冠张开，形如一把扇，遇惊后则立即收贴于头上。性情较为驯善，不太怕人。主要以直翅目、膜翅目、鞘翅目和鳞翅目的成虫和幼虫为食，也吃蠕虫等其他小型无脊椎动物。繁殖期为 4～6 月，1 年繁殖 1 窝，每窝通常产卵 6～8 枚。戴胜不善做巢，在天然树洞、岩缝或墙窟窿中做窝。如果一时找不到适合的巢洞，也会强占啄木鸟的巢，方法是将分泌的臭液喷在啄木鸟的洞巢中，啄木鸟不堪其臭被迫搬家，戴胜则占巢为己有。雌鸟从产下第 1 枚卵开始孵卵，雄鸟承担觅食饲雌的工作。夜间雄鸟不入巢，而在巢区附近夜宿。随着卵陆续产下，先孵出的雏鸟开始承担后续孵化任务。雏鸟孵出后，雌鸟坐巢护雏，运食饲雏主要由雄鸟承担，雄鸟衔食归巢，有时将食物转交给雌鸟喂育，有时直接入巢喂雏，一周后，雌鸟参与育雏活动。繁殖季节的雌鸟，会从肛门中喷射出一种很臭的棕黑色液体,成为用于保护自己和巢、卵、幼鸟的"化学武器"。育雏期间亲鸟不清扫巢中幼鸟粪便,使其离巢很远就能闻到臭味,故名"臭姑鸪"。经过亲鸟 26～29 天的喂养,雏鸟即可飞翔和离巢。

戴胜是以色列国鸟,原因是它美丽、尽职尽责,能照顾好自己的后代。

13　家燕 *Hirundo rustica*（Linnaeus,1758）

家燕,别称燕子、拙燕、观音燕。属雀形目、燕科、燕属的禽类。全世界共有 8 个亚种。

形态特征:体长约 20 cm,上体钢蓝色。胸偏红而具一道蓝色胸带,腹白。尾甚长,近端处具白色点斑。嘴及脚黑色。

地理分布:世界性分布。繁殖于北半球,冬季南迁经非洲、东南亚至新几内亚、澳大利亚。

物种评述:家燕是一种夏候鸟,喜欢栖息在人类居住的环境中。家燕善飞行,整天大多数时间都成群地在村庄及其附近的田野上空不停地飞翔;飞行迅速敏捷,有时飞得很高,像鹰一样在空中翱翔,有时又紧贴水面一闪而过,时东时西,忽上忽下,没有固定的飞行方向,有时还不停地发出尖锐而急促的叫声。活动范围不大,通常在栖息地 2 km² 范围内活动。主要以昆虫为食,食物种类常见有蚊、蝇、蛾、蚁、蜂、叶蝉、象甲、金龟甲、叩头甲、蜻蜓等双翅目、鳞翅目、膜翅目、鞘翅目、同翅目、蜻蜓目等昆虫。繁殖期为 4～7 月,多数 1 年繁殖 2 窝,第一窝通常在 4～6 月,第二窝多在 6～7 月,每窝产卵 3～5 枚。多营巢于窗户或门上方、房檐下或室内,巢为半碗形或浅碗形。多利用旧巢,一般在对旧巢检查后修补。叼出去年巢内的底衬物,另寻新鲜干净的鸟类羽毛、干草铺垫后使用。该物种已被列入中国国家林业局 2000 年 8 月 1 日发布的《国

家保护的有益的或者有重要经济、科学研究价值的陆生野生动物名录》。

14　金腰燕　*Cecropis daurica*（Linnaeus，1771）

金腰燕，别称赤腰燕、胡燕、夏侯、巧燕、花燕儿，属雀形目、燕科、燕属的禽类，共9个亚种。

形态特征：体长 16～18 cm，体重 18～21 g，上体黑色，具有辉蓝色光泽；腰部栗色，脸颊部棕色；下体棕白色，多具有黑色的细纵纹；尾甚长，为深凹形；嘴及脚黑色。最显著的标志是具有一条栗黄色的腰带，因此又名赤腰燕。

地理分布：中国；欧亚大陆、印度次大陆、东南亚、非洲。

物种评述：金腰燕在中国主要为夏候鸟，每年迁来中国的时间随地区而不同。南方较早，北方较晚。秋季南迁的时间多在9月末至10月初，少数迟至11月末才迁走。生活习性与家燕相似，栖息于低山及平原地区的村庄、城镇等居民住宅区附近。性极活跃，喜欢飞翔，整天大部分时间几乎都在村庄和附近田野及水面上空飞翔。著名的食虫鸟类，主要吃飞行性昆虫，如蚊、虻、蝇、蚁、胡蜂、蜻象、甲虫等双翅目、膜翅目、半翅目和鳞翅目昆虫。金腰燕的繁殖期在4～9月。通常营巢于人类房屋等建筑物上，巢多置于屋檐下、天花板上或房梁上。筑巢时金腰燕常将泥丸拌以麻、植物纤维和草茎在房梁和天花板上堆砌成半个曲颈瓶状或葫芦状的巢，巢室内垫以干草、破布、棉花、毛发、羽毛等柔软物。雌雄亲鸟共同营巢，每个巢需10～26天才能完成。每年可繁殖2次，每窝产卵4～6枚，多为5枚，第二窝也有少至2～3枚。孵卵由雌雄亲鸟轮流进行，孵化期16～18天。雏鸟晚成性，孵出6日后睁眼，雌雄亲鸟共同育雏，在巢期26～28天。金腰燕是我国常见的夏候鸟，在我国分布广、数量大，长期受到人们的喜爱和保护，被认为是一种吉祥鸟，能给人们带来好运,因此自古以来人们就喜欢它来家筑巢,并给它提供种种方便的条件。

15 红耳鹎 *Pycnonotus jocosus*（Linnaeus,1758）

红耳鹎,别称红颊鹎、高髻冠、高鸡冠、高冠鸟、黑头公,属雀形目、鹎科、鹎属的鸣禽。全世界共 9 个亚种。

形态特征:红耳鹎为小型鸟类,体重 26～43 g,体长 17～21 cm。额至头顶黑色,头顶有耸立的黑色羽冠,眼下后方有一鲜红色斑,其下又有一白斑,外周围为黑色,在头部甚为醒目。上体褐色。尾黑褐色,外侧尾羽具白色端斑。下体白色,尾下覆羽红色。颧纹黑色,胸侧有黑褐色横带。嘴、脚黑色。

地理分布:分布于中国、尼泊尔、不丹、孟加拉国、印度、缅甸、泰国、越南、老挝等东喜马拉雅山至中南半岛以及马来半岛等地。国内分布于西藏东南部,往东经云南南部、贵州南部、广西南部一直到广东西部和香港。

物种评述:红耳鹎为留鸟,主要栖息于海拔 1 500 m 以下的低山和山脚丘陵地带的雨林、季雨林、常绿阔叶林等森林中,也见于林缘、路旁、溪边和农田地边等开阔地带的灌丛与稀树草坡地带。性活泼,常呈 10 多只的小群活动,有时也集成 20～30 多只的大群,有时也见和红臀鹎、黄臀鹎混群活动。整天多数时候都在乔木树冠层或灌丛中活动和觅食。善鸣叫,鸣声轻快悦耳,有似“布匹——”或“威—踢—哇”的声音。通常一边跳跃活动觅食,一边鸣叫。杂食性,主要以植物性食物为主,常见啄食乔木和灌木种子、果实、花和草籽,尤其是榕树、棠李、石楠、蓝靛等乔木和灌木果实。动物性食物主要为鞘翅目、鳞翅目、直翅目和膜翅目等昆虫的成虫和幼虫。繁殖期为 4～8 月,营巢于灌丛、竹丛和果树等低矮树上,每窝产卵 2～4 枚,孵化期 12～14 天。已列入中国国家林业局 2000 年

8月1日发布的《国家保护的有益的或者有重要经济、科学研究价值的陆生野生动物名录》。

16 白头鹎 *Pycnonotus sinensis*（Gmelin，1789）

白头鹎，别称白头翁、白头婆、白头壳仔，属雀形目、鹎科、鹎属的鸣禽，共有4个亚种。

形态特征：体长17～22 cm，额至头顶黑色，两眼上方至后枕白色，形成一白色枕环，耳羽后部有一白斑，此白环与白斑在黑色的头部均极为醒目，老鸟的枕羽（后头部）更洁白，所以又叫"白头翁"。腹白色具黄绿色纵纹，体背黄绿色，胸部黑褐色，尾和两翅暗褐色具黄绿色羽缘，虹膜褐色，嘴、脚为黑色。幼鸟头灰褐色，背橄榄色，胸部浅灰褐色，腹部及尾下复羽灰白。

地理分布：分布于中国、日本、朝鲜、韩国、老挝、泰国、越南。国内分布于长江流域及其以南广大地区，北至陕西南部和河南一带，西至四川、贵州和云南东北部，东至江苏、浙江、福建沿海，南至广西、广东、香港、海南和台湾。

物种评述：白头鹎冬季北方鸟南迁为候鸟，在紫金山为留鸟。栖息于海拔1 000 m以下的低山丘陵和平原地区的灌丛、草地、有零星树木的疏林荒坡、果园、村落、农田地边的灌丛、次生林和竹林，也见于山脚和低山地区的阔叶林、混交林和针叶林及其林缘地带。常呈3～5只至十多只的小群活动，冬季有时亦集成20～30多只的大群。多在灌木和小树上活动，性活泼，不甚怕人，常在树枝间跳跃，或飞翔于相邻树木间，一般不做长距离飞行。善鸣叫，鸣声婉转多变。杂食性，既食动物性食物，也吃植物性食物。繁殖期为4～8月，营巢于灌木或阔叶树上。每窝产卵3～5枚，繁殖季节几乎全以昆虫为食。幼鸟需要经过大约两周的孵化才能破壳而出，再经过大约两周的喂食,就可以出巢。被列入中国国家林业局 2000 年 8 月 1 日发布的《国家保护的有益的或者有重要经济、科学研究价值的陆生野生动物名录》

17 八哥 *Acridotheres cristatellus*（Linnaeus，1766）

八哥,别称黑八哥、鸲鹆、寒皋、凤头八哥、了哥仔,属雀形目、椋鸟科、八哥属的鸣禽,共 3 个亚种。

形态特征:体长 23～28 cm,通体黑色。前额有长而竖直的羽簇,有如冠状。翅具白色翅斑,飞翔时尤为明显。尾羽和尾下覆羽具白色端斑。嘴乳黄色,脚黄色。

地理分布:中国、老挝、缅甸、越南。国内分布于四川、云南以东,河南和陕西以南的平原地区,以及东南沿海、台湾、香港和海南一带。

物种评述:八哥为留鸟,主要栖息于海拔 2 000 m 以下的低山丘陵和山脚平原地带的次生阔叶林、竹林和林缘疏林中,也栖息于农田、牧场、果园和村寨附近的大树上,有时还栖息于屋脊上或田间地头。性活泼,成群活动,夜栖地点较为固定,常在附近地上活动和觅食。善鸣叫,尤其在傍晚时甚为喧闹。食性杂,主要以昆虫成虫和幼虫为食,也吃谷粒、植物果实和种子等植物性食物。繁殖期为 4～8 月。营巢于树洞、建筑物洞穴中,每窝产卵 3～6 枚,孵化期为 15～16 天,雏鸟晚成性。八哥在我国南方的种群数量较普遍,既是重要的农林益鸟,也是颇受欢迎的笼养鸟。它能模仿其他鸟的鸣叫,也能模仿简单的人语,在国内广被人们笼养,而且被引种到菲律宾和加拿大等地。被列入中国国家林业局 2000 年 8 月 1 日发布的《国家保护的有益的或者有重要经济、科学研究价值的陆生野生动物名录》。

18　灰喜鹊　*Cyanopica cyanus*（Pallas，1776）

灰喜鹊，别称山喜鹊、蓝鹊、蓝膀香鹊、长尾鹊、鸢喜鹊、长尾巴郎，属雀形目、鸦科、灰喜鹊属的禽类，共 10 个亚种。

形态特征：灰喜鹊体重 73～132 g，体长 326～418 mm，前额到颈项和颊部黑色闪淡蓝或淡紫蓝色光辉。背灰色，两翅和尾灰蓝色。尾长，呈凸状，具白色端斑。下体灰白色。外侧尾羽较短，不及中央尾羽之半。虹膜暗褐到淡褐黑。嘴、跗蹠和趾黑色。

地理分布：国外分布于西班牙、法国、蒙古北部、黑龙江流域至朝鲜半岛、日本。国内分布于东北至华北，西至内蒙古，长江中下游直至福建。

物种评述：主要栖息于低山丘陵和平原，常见于道旁、山麓、住宅旁、公园和风景区的稀疏树林中。除繁殖期成对活动外，其他季节多成小群活动。飞行迅速，两翅扇动较快，但不做长距离飞行，也不在一个地方久留，而是四处游荡。活动和飞行时都不停地鸣叫，鸣声单调嘈杂。杂食性，主要吃半翅目的蝽象，鞘翅目的步行甲、金针虫、金花虫、金龟甲，鳞翅目的螟蛾、枯叶蛾、夜蛾，膜翅目的蚂蚁、胡蜂，双翅目的家蝇、花蝇等昆虫及幼虫，兼食一些乔灌木的果实及种子。繁殖期为 5～7 月。多营巢于次生林和人工林中，巢距地高 2～15 m。每窝产卵 4～9 枚，雌鸟孵卵，孵化期为 14～16 天。雏鸟晚成性，雌雄亲鸟共同育雏，留巢期为 18～20 天。被列入中国国家林业局 2000 年 8 月 1 日发布的《国家保护的有益的或者有重要经济、科学研究价值的陆生野生动物名录》

灰喜鹊并非紫金山"原住鸟"，是 20 世纪 80 年代分别从徐州和上海引进的。现在紫金山上的上万只灰喜鹊，正是第一代"移民"的后代。当时引入灰喜鹊就是为了防治当时在紫金山危害严重的松毛虫、松杆疥等害虫。

19 红嘴蓝鹊 *Urocissa erythrorhyncha*（Boddaert，1783）

红嘴蓝鹊，别称赤尾山鸦、长尾山鹊、长尾巴练、长山鹊、山
鹧，属雀形目、鸦科、蓝鹊属的禽类，共有 5 个亚种。

形态特征：大型鸦类，体长 54～65 cm。嘴、脚红色，头、颈、
喉和胸黑色，头顶至后颈有一块白色至淡蓝白色或紫灰色块斑，
其余上体紫蓝灰色或淡蓝灰褐色。尾长，呈凸状，具黑色亚端斑
和白色端斑。下体白色。

地理分布：喜马拉雅山脉、印度东北部、缅甸及中南半岛均
有分布。国内除新疆、西藏、黑龙江、吉林、台湾外，大部分地区
均有分布。

物种评述：主要栖息于海拔高度从山脚平原、低山丘陵到
3 500 m 左右的高原山地。性喜群栖，经常成对或成 3～5 只或
10 余只的小群活动。性活泼而嘈杂，常在枝间跳上跳下或在树
间飞来飞去，飞翔时多呈滑翔姿势，喜水浴。食性较杂，主要以
昆虫、蜘蛛、蜗牛、蠕虫、蛙、蜥蜴、雏鸟等其他小型无脊椎动物和
脊椎动物为食。植物性食物主要为各种树籽、杂粮、瓜果、蔬菜。
有贮藏食物的习惯，常将吃剩多余的食物藏在巢内。繁殖期为
5～7 月。营巢于树木侧枝上，距地高 2～8 m。每窝产卵3～
6 枚，雌雄亲鸟轮流孵卵，雏鸟晚成性。育雏初期，雌鸟接取雄
鸟的食料后，经吞咽呕出再喂雏鸟。本种被列入中国《国家保
护的有益的或者有重要经济、科学研究价值的陆生野生动物
名录》。

由于该鸟羽色艳丽，尾羽特长，姿态优美，食性较杂，易于饲
养，是重要的观赏鸟之一。各动物园多有展出，个人亦多有饲
养。由于其吃大量害虫，故为益鸟。

20 喜鹊 *Pica pica*（Linnaeus，1758）

喜鹊，别称普通喜鹊、欧亚喜鹊、鹊、客鹊、飞驳鸟、干鹊、鸒、鶾、鶾鸒，属雀形目、鸦科、鹊属的禽类，共有 10 个亚种。

形态特征：体长 40～50 cm，雌雄羽色相似。头、颈、背至尾均为黑色，并自前往后分别呈现紫色、绿蓝色、绿色等光泽。双翅黑色而在翼肩有一大形白斑。尾远较翅长，呈楔形。嘴、腿、脚纯黑色。腹面以胸为界，前黑后白。

地理分布：除南极洲、非洲、南美洲与大洋洲外，几乎遍布世界各大陆。国内除草原和荒漠地区外均有分布。

物种评述：喜鹊是适应能力比较强的留鸟。在山区、平原都有栖息，人类活动越多的地方，喜鹊种群的数量往往也就越多。除繁殖期间成对活动外，常成 3～5 只的小群活动。性机警，觅食时常有一鸟负责守卫，即使成对觅食时，亦多是轮流分工守候和觅食。飞翔能力较强，且持久，飞行时整个身体和尾成一直线，尾巴稍微张开，两翅缓慢地鼓动着。雌雄鸟常保持一定距离，在地上活动时则以跳跃式前进。鸣声单调、响亮，似"喳喳"声，常边飞边鸣叫，当成群时，叫声甚为嘈杂。有贮藏食物和收藏物体的习性，巢中常收集有闪光或颜色鲜艳的物品，如玻璃珠、塑料球、钢笔帽等。杂食性，夏季主要以昆虫等动物性食物为主，其他季节则主要取食植物果实和种子。3 月初即开始筑巢繁殖，巢距地高 7～15 m，每窝产卵 5～8 枚，雌鸟孵卵，孵化期为 16～18 天。雏鸟晚成性，刚孵出的雏鸟全身裸露，呈粉红色。雌雄亲鸟共同育雏，30 天左右雏鸟即可离巢。本种被列入中国国家林业局 2000 年 8 月 1 日发布的《国家保护的有益的或者有重要经济、科学研究价值的陆生野生动物名录》。

喜鹊一年的食物当中,80%以上都是危害农作物的昆虫,比如蝗虫、蝼蛄、金龟子、夜蛾幼虫或松毛虫等,15%都是谷类与植物的种子,也食小鸟、蜗牛与瓜果类以及杂草的种子。所以,喜鹊对人类是很有益处的。

21　乌鸫　*Turdus merula*（Linnaeus,1758）

乌鸫,别称百舌、反舌、中国黑鸫、黑鸫、乌鸪,属雀形目、鸫科、鸫属的鸣禽,共有 9 个亚种。

形态特征:体重 55～126 g,体长 210～296 mm。雄性的乌鸫除了黄色的眼圈和喙外,全身都是黑色。雌性和初生的乌鸫没有黄色的眼圈,但有一身褐色的羽毛和喙。虹膜褐色,鸟喙橙黄色或黄色,脚黑色

地理分布:国外分布于欧亚大陆和北非。国内分布于华东、华中、华南、西南等地。

物种评述:栖息于海拔高度数百米到 4 500 m 左右的不同类型的森林中,尤其喜欢栖息在林区外围、林缘疏林、农田旁树林、果园和村镇边缘,平原草地或园圃间。常结小群在地面上奔驰,歌声嘹亮动听,并善仿其他鸟鸣。胆小,眼尖,对外界反应灵敏,夜间受到惊吓时会飞离原栖地。主要以昆虫为食,所吃食物有鳞翅目幼虫、尺蠖蛾科幼虫、蟒科幼虫、蝗虫、金龟子、甲虫、步行虫等双翅目、鞘翅目、直翅目昆虫和幼虫,也吃果实和种子。乌鸫每年的 4～7 月开始繁殖,巢大都营于乔木的枝梢上或树木主干分支处、距地面约 3 m,雌雄共同参与筑巢。每窝产卵 4～6 枚,由雌鸟孵化,雄鸟则常在巢附近守候,孵化期为 14～15 天,雌雄鸟均育雏。

22 **黑脸噪鹛** *Garrulax perspicillatus*（J. F. Gmelin,1789）

黑脸噪鹛,别称土画眉、笑鸫、七姊妹、噪林鸟、嘈杂鸫、黑脸笑鸫、眼镜笑鸫、黑面笑画眉,属雀形目、画眉科、噪鹛属的鸣禽。本种为单一物种。

形态特征:中型鸟类,体长 27～32 cm。头顶至后颈褐灰色,额、眼先、眼周、颊、耳羽黑色,形成一条围绕额部至头侧的宽阔黑带,状如戴的一副黑色眼镜,极为醒目。背暗灰褐色至尾上覆羽转为土褐色。颏、喉褐灰色,胸、腹棕白色,尾下覆羽棕黄色。虹膜棕褐色或褐色,嘴黑褐色,脚淡褐色。

地理分布:分布于老挝、越南北部、中国。国内分布于华东、华中、华南、西南地区。

物种评述:黑脸噪鹛为留鸟,主要栖息于平原和低山丘陵地带开阔向阳的针阔叶混交林、阔叶林、疏林灌丛等生境。常成对或成小群活动,特别是秋冬季节集群较大,可达 10 多只至 20 余只,有时和白颊噪鹛混群。常在荆棘丛或灌丛下层跳跃穿梭,或在灌丛间飞来飞去,飞行姿态笨拙,不进行长距离飞行,多数时候是在地面或灌丛间跳跃前进。性活跃,活动时常喋喋不休地鸣叫,显得甚为嘈杂,所以俗称为"嘈杂鸫""噪林鹛"或"七姊妹"等。杂食性,但主要以昆虫为主,也吃其他无脊椎动物、植物果实、种子和部分农作物。繁殖期为 4～7 月。通常营巢于低山丘陵和村寨附近小块丛林和竹林内,巢多置于距地 1 m 至数米高的灌木、幼树或竹类枝丫上。雌雄鸟均参加筑巢,交替衔材,轮流筑窝。巢材多为纤维状的树皮、苔草叶、莎草根,内壁垫有苔藓和细草根。巢呈碗状,每窝产卵 3～5 枚。本种被列入中国国家林业局 2000 年 8 月 1 日发布的《国家保护的有益的或者有重要经济、科学研究价值的陆生野生动物名录》。

23 黑领噪鹛 *Garrulax pectoralis*（Gould,1836）

黑领噪鹛,别名大花脸,属雀形目、画眉科、噪鹛属的鸣禽,共有7个亚种。

形态特征:中型鸟类,体长28~30 cm。上体棕褐色。后颈栗棕色,形成半领环状。眼先棕白色,白色眉纹长而显著,耳羽黑色而杂有白纹。下体几乎全为白色,胸有一黑色环带,两端多与黑色颧纹相接。虹膜棕色或茶褐色,嘴褐色或黑色,下嘴基部黄色,脚暗褐色或铅灰色,爪黄色。

地理分布:国外分布于尼泊尔、不丹、孟加拉国、印度、缅甸、泰国、老挝、越南等。国内分布于华东、华中、华南、西南地区。

物种评述:黑领噪鹛为留鸟,主要栖息于海拔1 500 m以下的低山、丘陵和山脚平原地带的阔叶林中,也出入于林缘疏林和灌丛。性喜集群,常成小群活动,有时亦与小黑领噪鹛或其他噪鹛混群活动。多在林下茂密的灌丛或竹丛中活动和觅食,时而在灌丛枝叶间跳跃,时而在地上灌丛间窜来窜去,一般较少飞翔。性机警,多数时间躲藏在茂密的灌丛等阴暗处,附近稍有声响就会立刻喧闹起来,有时一只鸟鸣叫,其他鸟也会跟着高声鸣叫起来,鸣叫时两翅扇动,并不断地点头翘尾,直到并未发现可疑物,才又逐渐安静下来。杂食性,主要以甲虫、金花虫、蜻蜓、天蛾卵和幼虫以及蝇等为食,也吃草籽和其他植物果实与种子。繁殖期为4~7月。通常营巢于低山阔叶林中,巢多置于林下灌丛、竹丛或幼树上。1年繁殖1~2窝,每窝产卵3~5枚。

24 树麻雀 *Passer montanus*（Linnaeus，1758）

树麻雀，别称麻雀、霍雀、瓦雀、嘉宾、硫雀、家雀、老家贼、只只，属鸟纲、雀形目、文鸟科、麻雀属的禽类，共有 10 个亚种。

形态特征：小型鸟类，体长 13～15 cm。额、头顶至后颈栗褐色，头侧白色，耳部有一黑斑，在白色的头侧极为醒目。背沙褐或棕褐色具黑色纵纹。颏、喉黑色，其余下体污灰白色微沾褐色。虹膜暗红褐色，嘴一般为黑色，但冬季有的呈角褐。下嘴呈黄色，特别是基部。脚和趾等均为污黄褐色。相似种家麻雀以及其他麻雀颊部均无黑斑。

地理分布：国外分布于欧亚大陆、东亚及东南亚等地。国内广泛分布于各省。

物种评述：树麻雀为留鸟，是世界上分布广、数量多和最为常见的一种小鸟，主要栖息在人类居住的环境，无论山地、平原、丘陵、草原、沼泽和农田，还是城镇和乡村，在有人类集居的地方，多有分布。栖息地海拔高度为 300～2 500 m，在中国西藏地区甚至可达 4 500 m。性喜成群，除繁殖期外，常成群活动，特别是秋冬季节，集群多达数百只，甚至上千只。性活泼，频繁地在地上奔跑，并发出"叽叽喳喳"的叫声，显得较为嘈杂。若有惊扰，立刻成群飞至房顶或树上，一般飞行不远，也不高飞。飞行时两翅扇动有力，速度甚快，大群飞行时常常发出较大的声响。性大胆，不甚怕人，也很机警。食性较杂，主要以谷粒、草籽、种子、果实等植物性食物为食，繁殖期间也吃大量昆虫，特别是雏鸟，几乎全以昆虫和昆虫幼虫为食。1 年繁殖 2～3 次，也有多至 4 次，营巢于村庄、城镇等人类居住地区的房舍、庙宇、桥梁以及其他建筑物上，每窝产卵 4～8 枚，雌雄鸟轮流进行孵卵，孵卵期为 11～13 天。雏鸟晚成性，刚孵出时体重仅 1.4 g 左右，全身赤裸无羽,未睁眼。雌雄亲鸟共同觅食喂雏,每天喂食 200 次左右,经过 15～16 天的喂养,幼鸟即可飞出离巢,离巢的幼鸟仍需亲鸟喂食 1 周左右才能独立觅食生活。

25　黑尾蜡嘴雀 *Eophona migratoria*（Hartert，1903）

黑尾蜡嘴雀,别名蜡嘴、皂儿、灰儿、小桑嘴,属雀形目、雀科、蜡嘴雀属的鸣禽,共有 2 个亚种。

形态特征:中型鸟类,体长 17～21 cm。嘴粗大、黄色。雌雄异色,雄鸟头辉黑色,背、肩灰褐色,腰和尾上覆羽浅灰色,两翅和尾黑色,初级覆羽和外侧飞羽具白色端斑。额和上喉黑色,其余下体灰褐色或黄色,腹和尾下覆羽白色。雌鸟头灰褐色,背灰黄褐色,腰和尾上覆羽近银灰色,尾羽灰褐色、端部多为黑褐色。头侧、喉银灰色,其余下体淡灰褐色,腹和两胁橙黄色,其余同雄鸟。相似种黑头蜡嘴雀体型较大,头部黑色范围小,飞羽中间有白斑而末端无白斑。

地理分布:国外分布于俄罗斯西伯利亚东南部和远东南部、朝鲜、日本等地。国内分布于东北、华北、华东、华南地区。

物种评述:黑尾蜡嘴雀是中国传统笼养鸟种。无论雄雌的形象都憨态可掬,非常惹人喜爱。是夏候鸟或留鸟。夏候鸟每年 4 月初从中国南方迁来东北繁殖,10 月中下旬开始迁回。栖息于低山和山脚平原地带的阔叶林、针阔叶混交林、次生林和人工林中,也出现于林缘疏林、河谷、果园、城市公园以及农田地边和庭院中的树上。繁殖期间单独或成对活动,非繁殖期也成群,有时集成数十只的大群。树栖性,频繁地在树冠层枝叶间跳跃或来回飞翔,或从一棵树飞至另一棵树,飞行迅速、两翅鼓动有力,在林内常一闪即逝。性活泼而大胆,不甚怕人。平时较少鸣叫,叫声是一种单调的"tek-tek"声,繁殖期间鸣叫频繁。鸣声高亢,悠扬而婉转,很远即能听到。杂食性,主要以种子、果实、草

籽、嫩叶、嫩芽等植物性食物为食,也吃部分昆虫。繁殖期为5~7月。营巢于乔木树侧枝枝杈上,距地高2~7 m。每窝产卵3~7枚,雏鸟晚成性,雌雄亲鸟共同育雏,留巢期11天。本种被列入中国国家林业局2000年8月1日发布的《国家保护的有益的或者有重要经济、科学研究价值的陆生野生动物名录》。

（三）爬行纲

爬行纲,别称蜥形纲,属于动物界、脊索动物门、脊椎动物亚门。爬行类由石炭纪末期的古代两栖类进化而来,心脏有两心房一心室,心室有不完全隔膜,体温不恒定,是首批真正陆生的脊椎动物。全球爬行动物现在有将近6 700种,我国有380余种。分为鳄目、龟鳖目、蜥蜴目及蛇目,它们形态不同,生活习性各异,分布极广。高山、陆地、水域、海洋、沙漠等都有其踪迹,以栖息方式不同,可以分为陆栖、水栖、树栖和穴居等类群。爬行动物是动物界的重要组成部分,是宝贵的动物资源。爬行动物与人类的关系密切,绝大多数种类有益于人类:爬行动物几乎都可药用;龟鳖类、蛇类等味美,营养丰富,含蛋白质高;很多种类能控制农林虫害、鼠害;有些种类是良好的教学和科学研究的实验材料;一些种类可作工艺品原料等。

1 无蹼壁虎 *Gekko swinhonis*（Günther, 1864）

无蹼壁虎,别称爬墙虎、守宫、蝎虎、天龙。为有鳞目、蜥蜴亚目、壁虎科、壁虎属的一种爬行动物。

形态特性:无蹼壁虎全长105~132 mm,身体扁平,头体长为尾长的0.72~1.04倍。头吻呈三角形,吻鳞呈长方形。鼻孔近吻端,位于吻鳞、第一上唇鳞、上鼻鳞及后鼻鳞之间。无蹼壁虎身体背面一般呈灰棕色,其深浅程度与生活环境及个体大小有关。头、颈、躯干、尾及四肢均有深或浅色斑。在颈及躯干背面形成 6～7 条横斑,尾背面形成 11～14 条横斑。身体腹面淡肉色,直达尾部,隐失于蓝色的尾端。雄蜥在腹侧及肛区有隐约散布的紫红色小点,雌体呈青白色。

地理分布:无蹼壁虎是中国特有种,仅分布在中国的华东、西北、华北、华中和东北等地。

物种评述:无蹼壁虎栖息场所广泛,几乎所有建筑物的缝隙及树木、岩缝等处均有分布,生活海拔为 600～1 300 m。无蹼壁虎是夜行性蜥蜴,一般每日在 18 时以后至次日 7 时以前活动,白天藏身在阴暗的树洞、石下或房屋的墙壁缝隙中,因其趾下有瓣,能爬行于墙壁或天花板上。夜间在厕所或其他有灯光处昆虫较多,其能快步追赶和伸出舌头黏捕小型昆虫,所以无蹼壁虎量亦较集中。从 11 月初至翌年 3 月中旬为冬眠期,3 月中下旬出蛰开始活动,4 月下旬以后活动旺盛。无蹼壁虎以小型昆虫为食,主要是蛾、蚊、蝇、小蜂、甲虫等。6～7 月产卵 5～9 枚,卵乳白色而略泛红。除去内脏的干燥体可解毒、散结、利水。

2 云南半叶趾虎

Hemiphyllodactylus yunnanensis(Boulenger,1903)

云南半叶趾虎,为有鳞目、蜥蜴亚目、壁虎科、半叶趾虎属的一种爬行动物。

形态特性:体较小,头体长 39～53 mm,等于或大于尾长。体背及喉部被均一的粒鳞,腹面及尾上被覆先状鳞。颏片明显,呈弧形排列,中间 1 对最大。四肢细弱,后肢前伸超过腋胯距之半。除第一趾不发达外,其余四趾远端强烈扩展,具斜列的双行攀瓣。尾粗而略扁圆,尾基每侧有 1～2 个肛疣。雄性具肛股窝 2～31 个。液浸标本体背灰色或灰棕色,一条褐色纹自吻端经眼、耳孔至肩。体背褐斑呈纵列块斑、波状横斑、网斑及隐斑等多种变化。尾基背面大多有"U"形白斑,尾背有褐色横斑或一

纵列黑色块斑。体腹面肉色或灰白色。有些个体尾腹面呈橙红色,有些地区的个体上有螨类寄生。

地理分布:国内分布于华东、华南、西南等地。

物种综述:生活在海拔 1 000～2 400 m 的高原山区,栖息于墙缝及岩缝中。活动较迟缓,夜出捕食昆虫,常几只一起在有灯光处伺机捕食。繁殖期约在 5～7 月,此时采到的雌成体半数以上怀有卵。

本种被列入中国国家林业局 2000 年 8 月 1 日发布的《国家保护的有益的或者有重要经济、科学研究价值的陆生野生动物名录》。

3 中国石龙子 *Eumeces chinensis*(Gray)

中国石龙子,别称石龙子、蜥蜴、山龙子、守宫、石蜴、泉龙、猪婆蛇等,为有鳞目、蜥蜴亚目、石龙子科、石龙子属的一种爬行动物,分 4 个亚种。

形态特性:头体长一般为 102～126 mm,尾长 144～189 mm,体较粗壮。额顶鳞发达,彼此相切。眶上鳞 4 枚,第二枚最大,有上鼻鳞,无后鼻鳞,第二列下颚鳞楔形,后颏鳞 2 枚。肛前有一对大鳞,尾下正中一行鳞片扩大。头部棕色,背灰褐色,隐约可见有 3 条浅黄色纵纹向后直达尾部。颈侧及体侧红棕色斑纹,腹面灰白色。

地理分布:石龙子的分布区域很广泛,国内分布于华东、西南、华中、华南等地。

物种评述:石龙子生活于山区草丛乱石堆中、或平原坟墩、农田周围、开阔地、住宅及路边杂草中,爬行迅速,擅长躲避人类,很难发现。以蚱蜢、蟋蟀、蝼蛄等昆虫及幼虫为食,亦食蜘蛛、蛞蝓、蜗牛、蚯蚓等。卵生,每次产卵 8～9 枚,多至 16 枚。捕食害虫,有益于农林业。成体去内脏干燥后加工成中药材有解毒、散结、行水的功效。鲜品去内脏洗净后同瘦肉一起蒸煮，可治小儿虚弱、疳瘦等疾。

本种被列入中国国家林业局 2000 年 8 月 1 日发布的《国家保护的有益的或者有重要经济、科学研究价值的陆生野生动物名录》。

4　蓝尾石龙子 *Eumeces elegans*（Boulenger，1887）

蓝尾石龙子，别称草龙，为有鳞目、蜥蜴亚目、石龙子科、石龙子属的一种爬行动物。

形态特性：头体长 70～90 mm，尾长 130～160 mm。吻钝圆；上鼻鳞 1 对，左右相接；前额鳞 1 对，彼此分隔；顶鳞之间有顶间鳞；耳孔前缘有 2～3 枚锥状鳞；后颏鳞 1 枚。体覆光滑圆鳞，环体中段 21～28 行；肛前鳞 2 枚；股后缘有 1 簇大鳞。背面深黑色，有 5 条黄色纵纹，沿体背正中及两侧往后直达尾部，隐失于蓝色的尾端。雄蜥在腹侧及肛区有隐约散布的紫红色小点，雌体呈青白色。

地理分布：国内分布于华东、华南、西南等地区。

物种评述：栖息于长江以南的低山山林及山间道旁的石块下，喜在干燥而温度较高的阳坡活动，但在茂密的草丛或平原地区比较少见。春季捕食蝗虫、避债虫、鼠妇及鞘翅目昆虫等，其中害虫约占食虫量的 46%；夏季食物更为广泛，主要为叩头虫幼虫、鼠妇和蚂蚁等，害虫的比例也随之相应增加。3 月下旬或 4 月初出蛰。每年繁殖 1 次，6～7 月产卵 5～9 枚，卵乳白色而略泛红。除去内脏的干燥体可解毒、散结、利水。

5　王锦蛇 *Elaphe carinata*（Günther，1864）

王锦蛇，别称菜花蛇，为有鳞目、蛇亚目、游蛇科、锦蛇属的一种爬行动物。

形态特性：体大凶猛，无毒。全长可达 2.5 m 以上，触摸有

肌肉感且粗糙紧实,背面黑色,混杂黄花斑,似菜花,所以有菜花蛇之称。头背棕黄色,鳞缘和鳞沟黑色,形成"王"字形黑斑,故称王锦蛇。瞳孔圆形,吻鳞头背可见,鼻间鳞长宽几相等,前额鳞与鼻间鳞等长。腹面黄色,腹鳞后缘有黑斑。幼体背面灰橄榄色,鳞缘微黑,枕后有 1 条黑色短纵纹,腹面肉色。成幼体间体色斑纹很不相同,易被误认为他种,需注意。

地理分布:国内分布于华东、华中、华南、西南、西北地区。

物种评述:王锦蛇体大,耐寒、适应性强,动作敏捷,性情凶猛,爬行速度快且会攀爬上树。它是广食性蛇类,捕食鸟类、鼠类及各种鸟蛋。食物缺乏时,甚至吞食同类。捕杀能力突出,性暴烈,有明显的霸占主义。主要栖息在山地、平原及丘陵地带,活动于河边、水塘边、库区及其他近水域的地方。当遇见其他蛇时,会采取攻击,在野外是神经质的蛇类,攻击猛烈,绞杀能力强,是大多蛇类害怕的品种。但其生长快、饲养周期短,容易饲养和孵化等诸多优点使得大都以它作为无毒蛇来饲养,并且在人工繁育下,其成体性格偏懒散,自卫能力强,注意接近方法即可靠近。

6 红点锦蛇 *Elaphe rufodorsata*

红点锦蛇,别称水长虫、白线蛇,为有鳞目、蛇亚目、游蛇科、锦蛇属的一种爬行动物。

形态特性:体长 1 000 mm 之内,雄性最长 843 mm＋114 nm(河北白洋淀),雌性最长 781 mm＋167 nm(吉林延边)。体背前段有 4 行中心红棕色的黑斑点,逐渐形成 4 条黑纵线达尾背。黑纵线之间形成 3 条浅色纹,正中的 1 条为红褐色,两侧的 2 条灰褐色。腹面黄色,密缀黑黄相间的小棋格斑。头背有 3 道黑褐色倒"V"字形斑,有些个体褐色部分色变为黄褐色或橙黄色。

地理分布:国内广泛分布于华东、华南、西南等地。

物种综述:性凶猛、活泼,动作敏捷,食性广,长势快,捕食蛙、蜥蜴、鸟、鸟卵及鼠类,甚至其他蛇。栖居于傍水的草丛内,也常在阴湿的山麓出现。受惊时常向石堆下或水域逃逸,能泳善泅。夏季活跃,适宜的气温是 20～30℃,繁殖季节(4～5 月)常在中午前后交配,一条雌蛇可先后与几条雄蛇交配,最长的交配时间可达十几小时。

7　乌梢蛇 *Zaocys dhumnades*

乌梢蛇,别称乌蛇、乌风蛇、剑脊蛇、黑风蛇、黄风蛇、剑脊乌梢蛇、南蛇,为有鳞目、蛇亚目、游蛇科、乌梢蛇属的一种爬行动物,共有 3 个亚种。

形态特性:成蛇体长 1.6 m 左右,较大者达 2 m 以上。头较长,呈扁圆形,与颈有明显区分;眼较大,瞳孔圆形;鼻孔大,呈椭圆形;躯体较长,背鳞平滑,身体背面呈棕褐色、黑褐色或绿褐色,背脊上有两条黑色纵线贯穿全身,黑线之间有明显的浅黄褐色纵纹,成年个体的黑色纵线在体后部变得逐渐不明显。腹鳞呈圆形,腹面呈灰白色,尾较细长,故有"乌梢鞭"之称。

地理分布:国内分布于华东、华南、西南、东北及华中。

物种评述:乌梢蛇生活在海拔 50～1 570 m 的低山、丘陵、平原地带。每年 7～9 月为活动高峰期,约 10 月下旬入蛰冬眠,全年活动期仅 6 个多月。大多白天活动,行动迅速,反应敏捷,善攀爬,爱活动,但少具缠绕能力。生性胆小,温顺,善于逃跑,绰号"一溜黑"。属狭食性蛇类,以捕食活食为主,不取食腐败变质之物。主要取食蛙类,其次是泥鳅和黄鳝、蜥蜴、鱼类、鼠类等。幼蛇食蚯蚓、小杂鱼。能吞食大于头部数倍的小动物,如大蟾蜍等,有明显的饮水习性,尤其进食后喜欢饮水。对场地湿度及其环境的变化比较敏感,表现出强烈的喜暖厌寒、喜静厌乱等特点,气温在 25～32℃时活动最频繁。乌梢蛇是典型的食、药

两用蛇类,还是制作乐器、皮革制品的上好原料。由于栖息地被破坏及人类的大量捕杀,目前野外生存数量大减,亟须保护。该物种已被列入中国国家林业局 2000 年 8 月 1 日发布的《国家保护的有益的或者有重要经济、科学研究价值的陆生野生动物名录》。

(四)两栖纲

两栖纲在生物分类学上属于动物界、脊索动物门,是一类原始的、初登陆的、具五趾型的变温四足动物,皮肤裸露,分泌腺众多,混合型血液循环。其个体发育周期有一个变态过程,即以鳃(新生器官)呼吸生活于水中的幼体,在短期内完成变态,成为以肺呼吸能营陆地生活的成体。全世界现约有 3 目、40 科、400 属、4 350 种。除南极洲和海洋性岛屿外,遍布全球。费梁等的《中国两栖动物及其分布彩色图鉴》中记载我国现有两栖动物 3 目 13 科、81 属、410 种和亚种。紫金山湖泊及湿地约占紫金山总面积的 3%。调查统计的两栖动物有 9 种。这其中大鲵为国家二级保护动物。有研究表明,进入 20 世纪 90 年代后全球范围内两栖动物种群明显呈衰退趋势,我国两栖动物有 1/3 的物种形势严峻,造成种群衰退现象的原因是复杂多样的,较易确定的因素有生境消失以及人为过度捕捉。

1 **中华蟾蜍指名亚种 *Bufo gargarizans gargarizans*(Cantor,1842)**

中华蟾蜍指名亚种,别称癞格包,属两栖纲、无尾目、蟾蜍科、蟾蜍属的脊索动物。

形态特征:雄蟾体长 79～106 mm,雌蟾体长 98～121 mm。头宽大于头长,吻圆而高,吻棱明显,鼻间距小于眼间距,上眼睑无显著的疣,头部无骨质棱脊,瞳孔横椭圆形。鼓膜显著,近圆形,耳蹄后腺大呈长圆形。皮肤粗糙,背部布满大小不等的圆形瘰粒,仅头部平滑。腹部满布疣粒,胫部瘰粒大,一般无趾褶。后肢粗短,前伸贴体时胫跗关节达肩后,左右跟部不相遇,趾侧缘膜显著,第四趾具半蹼。体色变异颇大,随季节而异,一般雄性背面墨绿色、灰绿色或褐绿色,雌性背面多呈棕黄色,腹面乳黄色与棕色或黑色形成花斑,股基部有一团大棕色斑,体侧一般无棕红色斑纹。雄性内侧三指有黑色刺状婚垫,无声囊,无雄性线。卵径 1.5 mm 左右,动物极黑色,植物极棕色。蝌蚪全长 30 mm,头体长 12 mm,尾长约为头体长的 1.5 倍。体和尾肌色黑,尾鳍弱而薄,色浅,尾末端钝尖;唇齿式为 I:1+1/Ⅲ,仅两口角有唇乳突。

地理分布:国外分布于俄罗斯、朝鲜。国内除宁夏、新疆、西藏、青海、云南、海南外,各省区均有分布。

物种评述:该蟾生活于海拔 120～900 m 的多种生态环境中。除冬眠和繁殖期栖息于水中外,多在陆地草丛、地边、山坡石下或土穴等潮湿环境中栖息。黄昏后出外捕食,食性较广。蝌蚪以植物性食物为主,也食肉类及动物的尸体;幼蟾以昆虫为食;成蟾主要捕食昆虫、蚁类、蜗牛、蚯蚓等。成蟾在 9～10 月进入水中或松软的泥沙中冬眠,翌年 1～4 月出蛰(南方早,北方晚)即进入静水域内繁殖。卵多呈双行或四行排列于管状胶质卵带内,产卵 2 000～8 000 粒,卵带缠绕在水草上。从卵变成幼蟾共需 64 天左右。

2　镇海林蛙 *Rana zhenhaiensis*(Ye,Fei, and Matsui,1995)

镇海林蛙,属两栖纲、无尾目、蛙科、林蛙属、长肢林蛙种组的脊索动物。

形态特征:雄蛙体长 40～54 mm,雌蛙体长 36～60 mm。头长大于头宽,吻端钝尖。皮肤较光滑,背部及体侧有少数小圆疣,多数个体肩上方有"∧"形疣粒。前臂及手长不到体长之半,

后肢较长,前伸贴体时胫跗关节达鼻孔前后,左右跟部重叠,胫长超过体长之半,足与胫几乎等长。体背面多为橄榄棕色,棕灰色或棕红色,颈部有黑色三角斑;腹面乳白或浅棕色。雄性第一指具灰色婚刺。卵径 1.7 mm,动物极黑棕色,植物极灰棕色。蝌蚪体全长平均 29 mm,头体长 12 mm 左右,尾长约为头体长的 1.5 倍,背面橄榄棕色,尾上有褐色斑点。

地理分布:分布于河南(南部)、安徽(南部)、江苏(南部)、浙江、江西、湖南、福建、广东。

物种评述:生活于近海平面至海拔 1 800 m 的山区,所在环境植被较为繁茂,乔木、灌丛和杂草丛生。非繁殖期成蛙多分散在林间或杂草丛中活动,觅食多种昆虫及小动物。1 月下旬至4 月繁殖,此期雄蛙发出"叽嘎、叽嘎"的低沉叫声。成蛙群集于稻田、水塘以及临时积水坑且有草本植物的静水域内抱对产卵,尤其是阴雨之夜晚产卵者较多。卵群产在水深 3~30 cm 的水草间。每一卵群有卵 402~1 364 粒,卵的孵化期为 6~7 天。蝌蚪多底栖,当年完成变态。刚完成变态的幼蛙体长 16~18 mm,形态和色斑与成蛙相似。

3　黑斑侧褶蛙 *Pelophylax nigromaculatus* (Hallowell,1860)

黑斑侧褶蛙,别称田鸡、青鸡、青蛙、青头蛤蟆,属两栖纲、无尾目、蛙科、侧褶蛙属的一种脊索动物。

形态特征:雄蛙体长 49~70 mm,雌蛙体长 35~90 mm。头长大于头宽,吻部略尖,吻端钝圆,吻棱不明显;背面皮肤较粗糙,背侧褶宽,其间有长短不一的肤棱;体侧有长疣和痣粒,胫部背面有纵肤棱;体和四肢腹面光滑,指、趾末端钝尖;后肢较短,前伸贴体时胫跗关节达鼓膜和眼之间。体色变异大,多为蓝绿色、暗绿色、黄绿色、灰褐色、浅褐色等,有的个体背脊中央有浅绿色脊线或体背及体侧有黑斑点;四肢有黑色或褐绿色横纹;体和四肢腹面为一致的浅肉色。卵径 1.5～2 mm,动物极深棕色,植物极淡黄色。蝌蚪全长平均 51 mm,头体长 20 mm 左右,尾长约为头体长的 159%,体肥大,体背灰绿色;尾肌较弱,尾鳍发达后段较窄,有灰黑色斑纹,末端钝尖;唇齿式多为 I:1＋1/1＋1:Ⅱ;上唇无乳突,两侧及下唇乳突一排,口角有副突。

地理分布:国外分布于俄罗斯、日本、朝鲜半岛。国内除新疆、西藏、青海、台湾、海南外广泛分布。

物种评述:广泛生活于平原或丘陵的水田、池塘、湖沼区及海拔 200 m 以下的山地。白天隐蔽于草丛和泥窝内,黄昏和夜间活动。跳跃力强,一次跳跃可达 1 m 以上。捕食昆虫纲、腹足纲、蛛形纲等小动物。成蛙在 10～11 月进入松软的土中或枯枝落叶下冬眠,翌年 3～5 月出蛰。繁殖季节在 3 月下旬至 4 月,卵产于稻田、池塘浅水处,卵群团状,每团 3 000～5 500 粒。卵和蝌蚪在静水中发育生长,幼体变态后登陆营陆栖生活。该蛙分布区虽然很广,但因过度捕捉和栖息地的生态环境质量下降,其种群数量急剧减少。

4 中国大鲵 *Andrias davidianus*(Blanchard,1871)

中国大鲵,别称娃娃鱼、大鲵,属两栖纲、有尾目、隐鳃鲵科、大鲵属的一种脊索动物。该种是中国特产的一种珍贵野生动物,有 5～8 个亚种。

形态特征:体形最大的一种两栖动物,体长一般为 1 m,最长的可达 2 m,体重 20～25 kg,最大的达 50 kg。头大而扁平,头长略大于头宽,吻端钝圆。眼小,背位,无眼睑。躯干部扁平,胁胯间距约为全长的 1/3。四肢短而粗扁,前肢四指,后肢五趾,趾间微蹼。体表光滑湿润,富有皮肤腺,受到刺激后能分泌乳白色黏液。头部背腹面密布成对的疣粒,眼眶周围疣粒更为密集,排列较为整齐。体色随栖居环境色彩而有差异,背面呈棕

色、红棕色、黑棕色等,上面有颜色较深的不规则斑点,腹面浅褐色或灰白色。卵粒圆,卵径 5～8 mm,乳黄色。刚孵出的幼体形状似蝌蚪,全长 28～32 mm,体重 0.28～0.3 g,体表的背面为浅棕红色,腹面为浅黄色,腹部由于卵黄囊较大,腹腔呈长椭圆形的袋状,尾比较发达。幼体全长 170～220 mm 时外腮消失。

地理分布:分布于我国西北、华北、华中、华东、华南的黄河、长江及珠江中下游及其支流中。

物种评述:因其夜间的叫声犹如婴儿啼哭,所以俗称为"娃娃鱼",但它却并非鱼类。它可以用肺呼吸,但由于肺的发育不完善,因而也像青蛙一样,需要借助湿润的皮肤来进行气体交换,作为辅助呼吸,所以必须生活在水中或水域的附近。从生物进化的观点来看,它是从水中生活的鱼类向真正的陆栖动物演化的一个过渡类型。生活环境较为独特,一般生活在海拔 100～1 200 m(最高达 4 200 m)水流湍急、水质清凉、水草茂盛、石缝和岩洞多的山间溪流、河流和湖泊之中,有时也在岸上树根系间或倒伏的树干上活动,并选择有回流的滩口处的洞穴内栖息。白天常藏匿于洞穴内,头多向外,便于随时行动,捕食和避敌,遇惊扰则迅速离洞向深水中游去。傍晚和夜间出来活动和捕食,游泳时四肢紧贴腹部,靠摆动尾部和躯体拍水前进。它在捕食的时候很凶猛,常守候在滩口乱石间,发现猎物经过时,突然张开大嘴囫囵吞下,再送到胃里慢慢消化。成体的食量很大,食物包括鱼、蛙、蟹、蛇、虾、蚯蚓及水生昆虫等,有时还吃小鸟和鼠类。由于新陈代谢缓慢,食物缺少时其耐饥能力很强,有时甚至 2～3 年不进食都不会饿死。7～9 月为繁殖盛期,雌鲵产卵带一对,呈念珠状,长达数十米;一般产卵 300～1 500 粒。冬季则深居于洞穴或深水中的大石块下冬眠,一般长达 6 个月,直到翌年 3 月开始活动。不过它入眠不深,受惊时仍能爬动。全长 40 cm

时达性成熟,饲养条件下可存活55年。1988年《中华人民共和国野生动物保护法》将其列为中国国家二级重点保护野生动物,是我国的国宝之一。

（五）鱼纲

鱼纲是体被骨鳞、以鳃呼吸、用鳍作为运动器官和凭上下颌摄食的脊椎动物。鱼纲是脊椎动物中种类最多的一个类群,全球现生种鱼类估计共有2.6万种,超过其他各纲已命名脊椎动物种数的总和,包括硬骨鱼和软骨鱼两大类。生活在海洋里的鱼类约占全部总数的58.2%,栖于淡水中的鱼类约占41.2%。我国现有鱼类约2 500种,其中淡水鱼约1 000种。紫金山地区湖泊总面积为1 269.3亩,共计23湖,约占紫金山总面积的3%。由于多为人工湖,因此鱼类种类较为普通。根据统计,紫金山共有鱼类7目、15科、56种。

1 草鱼 _Ctenopharyngodon idellus_（Valenciennes,1844）

草鱼,别称鲩、油鲩、草鲩、白鲩、乌青、草苞、草根（东北）、混子、黑青鱼等,属脊索动物门、辐鳍鱼纲、鲤形目、鲤科、草鱼属的唯一种。

形态特征:体略呈圆筒形,头部稍平扁,尾部侧扁。口呈弧形,无须,上颌略长于下颌。下咽齿二行,侧扁,呈梳状,齿侧具横沟纹。吻非常短,长度少于或者等于眼直径。眼眶后的长度超过一半的头长。体呈浅茶黄色,背部青灰,腹部灰白,胸、腹鳍略带灰黄,其他各鳍浅灰色。其体较长,腹部无棱。背鳍和臀鳍均无硬刺,背鳍和腹鳍相对。

地理分布:国外已移殖到亚洲、欧洲、美洲、非洲的许多国家。国内广泛分布于除新疆和青藏高原以外的平原地区。

物种评述:草鱼性活泼,游泳迅速,常成群觅食,性贪食,为

典型的食草性鱼类。为大型个体,生长迅速,三年鱼可达近5 kg,幼鱼期则食幼虫、藻类等,也吃一些荤食,如蚯蚓、蜻蜓等,摄食的植物种类随着生活环境里食物基础的状况而有所变化。在干流或湖泊的深水处越冬,3～4龄成熟,4～7月繁殖,生殖季节亲鱼有溯游习性,产漂流性卵。肉厚刺少,鱼胆有毒,味鲜美,因其生长迅速,饲料来源广,是中国淡水养殖的"四大家鱼"之一。草鱼以其独特的食性和觅食手段而被当作拓荒者移殖至世界各地。草鱼因其能迅速清除水体各种草类而被称为"拓荒者"。我国唐代末期在广东有将荒田筑埂,灌以雨水,放养草鱼一二年,以清除野草、使田成熟的记载。

2　白条鱼 *Hemiculter leucisculus*（Basilewsky,1855）

白条鱼,别称白条、餐子、白翎子(雌)/红翎子(雄)、苦槽仔、海鲢仔、奇力仔、白鲦,属脊索动物门、硬骨鱼纲、鲤形目、鲤科、餐属。

形态特征:头稍尖,吻长大于眼径,体长,扁薄。口端位,斜裂。眼中大,眼间宽而微凸,其间距大于眼径。咽头齿三列,齿式 5.4.2—2.4.4。背缘较平直,腹缘稍凸,腹棱自胸鳍基部至肛门。鳃耙15～18枚,侧线在胸鳍上方向下急剧弯折,侧线鳞48～57枚,背鳍具有光滑的硬刺。体背青灰色,侧面及腹面为银白色,全身反光强,无其他任何花纹。尾鳍灰黑色,雄性在繁殖季节身体变成红蓝相间的彩色,非常漂亮。

地理分布:国外分布于越南北部、朝鲜半岛、俄罗斯。国内分布于台湾、湖北赤壁、崇阳、黄梅、江西九江附近和江苏泰州、东台、海安。

物种评述:初级淡水鱼,小型个体,行动迅速,是低海拔地区常见的鱼类。喜欢群聚栖息于溪流、湖泊及水库等水体的上层。主要摄食藻类,也食高等植物碎屑、甲壳类及水生昆虫等。繁殖力及适应性强,能容忍较污浊的水域。在长江,5~6月产卵,产卵时有逆水跳滩习性,分批产卵,黏附于水草或砾石上,数量较多,具有一定的食用价值。白条鱼可在水中"发白光",一般离水10分钟就会死亡。

3 鲢 *Hypophthalmichthys molitrix*(Valenciennes,1844)

鲢,别称鲢子、白鲢、扁鱼,属脊索动物门、硬骨鱼纲、鲤形目、鲤科、鲢属。

形态特征:头大,体侧扁,吻钝圆,口宽,眼位于头侧下半部,眼间距宽,咽齿齿冠有羽状细纹。鳃耙特化,彼此联合成多孔的膜质片,有螺旋形的鳃上器。体长可达1 m,体被较小的细鳞,侧线弧形下弯,腹部狭窄,自喉部至肛门有发达的腹棱,胸鳍末端伸达腹鳍基底,腹面腹鳍前后均具肉棱。

地理分布:国外广泛分布于亚洲东部,国内各大水系随处可见。

物种评述:鲢生长快,活动于水的中上层。性活泼,遇惊后即跳跃出水,喜欢跳跃,有逆流而上的习性,但行动不是很敏捷,比较笨拙。鲢鱼喜肥水,个体相仿者常常聚集群游至水域的中上层,特别是水质较肥的明水区。春夏秋三季,绝大多数时间在水域的中上层游动觅食,冬季则潜至深水越冬。胆小怕惊扰,耐低氧能力极差,生长速度快、产量高。4月下旬水温达18℃时,江水上涨或流速加快时开始产卵,受精卵吸水膨胀,随水漂流孵化。以海绵状的鳃耙滤食浮游植物,食欲与水温成正比。肉质较嫩,是中国著名的"四大家鱼"之一,适宜于湖泊、水库放养,天然产量也很高。

4 **鲫鱼** *Carassius auratus*（Linnaeus，1758）

鲫鱼，别称鲋鱼、鲫瓜子、鲫皮子、肚米鱼、喜头、鲫拐子、月鲫仔，属脊索动物门、硬骨鱼纲、鲤形目、鲤科、鲫属的一种鱼类。

形态特征：头像小鲤鱼，形体黑胖（也有少数呈白色），肚腹中大而脊隆起，体长15～20 cm，呈流线型，体高而侧扁，前半部弧形，背部轮廓隆起，尾柄宽，腹部圆形，无肉棱。头短小，吻钝，无须，鳃耙长，鳃丝细长，呈针状，排列紧密，鳃耙数100～200。下咽齿一行，扁片形，鳞片大，侧线微弯。背鳍长，外缘较平直。背鳍、臀鳍第3根硬刺较强，后缘有锯齿。胸鳍末端可达腹鳍起点。尾鳍深叉形，体背银灰色而略带黄色光泽，腹部银白而略带黄色，各鳍灰白色。腹部为浅白色，背部为深灰色。天敌从水上方往下看，由于黑色的鱼背和河底淤泥同色，故难被发现。天敌若从水下方往上看，由于白色鱼肚和天颜色差不多，故也难被发现。经常看到形容清晨时分的"东方泛起了鱼肚白"，就是这个道理，属于保护色。

地理分布：分布于欧亚地区，广布于中国各水系。

物种评述：为中小型个体，广布、广适性鱼类，分布于亚寒带至亚热带，能适应各种恶劣环境。杂食性，食浮游生物、底栖动物及水草等。鲫鱼的生活层次属底层鱼类，一般情况下，都在水下游动、觅食、栖息。在气温、水温较高时，也会到水的中下层、中上层游动、觅食。繁殖力强，成熟早。3～7月，在浅水湖汊或河湾水草丛生地带分批产卵，卵黏附于水草或其他物体上。鲫鱼的品种很多，金鲫便是鲫鱼的一个变种，经过长期培育和选择，即成为名贵的观赏鱼——金鱼，现已在世界各地饲养。鲫鱼是鱼中上品，肉质细嫩、味鲜美，以2～4月和8～12月的鲫鱼最为肥美，为我国重要食用鱼类之一。

5 泥鳅 *Misgurnus anguillicaudatus*（Cantor）

泥鳅,别称鱼鳅、泥鳅鱼、鳅,属脊索动物门、硬骨鱼纲、鲤形目、鳅科、泥鳅属的一种鱼类。

形态特征:形体小,细长。体形圆,身短,颜色青黑,浑身沾满了自身的黏液,因而滑腻无法握住。前段略呈圆筒形,后部侧扁。腹部圆,头小。口小、下位,呈马蹄形。眼小,无眼下刺。须5对,鳞极其细小,圆形,埋于皮下。体背部及两侧灰黑色,全体有许多小的黑斑点,头部和各鳍上亦有许多黑色斑点,背鳍和尾鳍膜上的斑点排列成行,尾柄基部有一明显的黑斑。其他各鳍灰白色。

地理分布:国外分布于日本、朝鲜、俄罗斯及印度等。国内分布于全国各地,南方分布较北方多。

物种评述:小型底层鱼类,生活在淤泥底的静止或缓流水体内,适应性较强,可在含腐殖质很丰富的环境内生活。由于泥鳅忍耐低溶氧的能力远远高于一般鱼类,故离水后存活时间较长。泥鳅不仅能用鳃和皮肤呼吸,还具有特殊的肠呼吸功能。当天气闷热或池底淤泥、腐殖质等物质腐烂,引起严重缺氧时,泥鳅也能跃出水面,或垂直上升到水面,用口直接吞入空气,而由肠壁辅助呼吸;当它转头缓缓下潜时,废气则由肛门排出。每逢此时,整个水体中的泥鳅都上升至水面吸气,此起彼伏,故西欧人对它有"气候鱼"之称。冬季寒冷,水体干涸,泥鳅便钻入泥土中,依靠少量水分使皮肤不致干燥,并全靠肠呼吸维持生命。待翌年水涨,又出外活动。以各类小型动植物为食,分批产卵,繁殖期主要在5～6月,受精卵黏附在水草上孵化。泥鳅是营养价值很高的一种鱼,它和其他鱼相比,外表、体形、生活习性都不同,是一种特殊的鱼类。全年都可采收,夏季最多。泥鳅捕捉

后，可鲜用或烘干用，可食用、入药。泥鳅被称为"水中之参"，肉质优良，为出口水产品之一。

6 黄颡鱼 *Pelteobagrus fulvidraco*（Richardson，1846）

黄颡鱼，别称黄角丁、黄骨鱼、黄沙古、黄腊丁、刺黄股、戈牙、昂刺、嘎鱼、嘎牙子，属脊索动物门、辐鳍鱼纲、鲇形目、鲿科、黄颡鱼属的一种鱼类。

形态特征：体长 123～143 mm，腹面平，体后半部稍侧扁，尾柄较细长。头大、扁平，口裂大，下位，上颌稍长于下颌，上下颌均具绒毛状细齿。眼小，侧位，须 4 对，鼻须末端可伸至眼后，上颌须长，末端达到或超过胸鳍基部，颐须两对，较上颌须短。体裸露无鳞，背鳍硬刺后缘具锯齿，胸鳍略呈扇形，硬刺较发达，且前后缘均有锯齿，前缘具 30～45 枚细锯齿，后缘具 7～17 枚粗锯齿。胸鳍较短，这也是和鲇鱼的不同之处，末端近腹鳍。脂鳍较臀鳍短，末端游离，起点约与臀鳍相对。

地理分布：主要分布于中国各主要水系的江河、湖泊、水库、池塘、稻田等。

物种评述：黄颡鱼的种类较多，有瓦氏黄颡鱼、岔尾黄颡鱼、盎塘黄颡鱼、中间黄颡鱼、细黄颡鱼、江黄颡鱼、光泽黄颡鱼等。底层肉食性小型鱼类，分布较广，在江河缓流、岸边或静水中生活。进食较凶猛。雌性和雄性黄颡鱼的颜色有很大差异，深黄色的黄颡鱼头上刺有微毒。白天潜伏于水底层，夜间活动，雄鱼一般较雌鱼大。1～2 龄鱼生长较快，以后生长缓慢，5 龄鱼仅为 250 mm。个别种类生长十分缓慢，且攻击其他家鱼，是肉食性为主的杂食性鱼类，主食底栖无脊椎动物，其食性随环境和季节变化而有所差异，在春夏季节常吞食其他鱼的鱼卵。4～5 月产卵，雌鱼有掘坑筑巢和保护后代的习性。其肉质细嫩，味道鲜美，小刺，多脂，钙、鳞含量居江河鱼类之冠，为常见的食用鱼类之一。

7 黄鳝 *Monopterus albus*（Zuiew，1793）

黄鳝，别称鳝鱼、田鳝、田鳗、长鱼、血鱼、罗鱼、无鳞公子，属脊索动物门、硬骨鱼纲、合鳃鱼目、合鳃鱼科、黄鳝属的一种鱼类。

形态特征：黄鳝体细长圆柱状，呈蛇形，体长约 20～70 cm，最长可达 1 m。体前圆，后部侧扁，尾尖细。头部膨大长而圆，颊部隆起。口大，端位，吻短而扁平。上颌稍突出，唇颊发达，上下颌及口盖骨上都有细齿。眼甚小，鳃裂在腹侧，左右鳃孔于腹面合而为一，呈倒"V"字形。鳃膜连于鳃颊，鳃常退化由口咽腔及肠代行呼吸。无鱼鳔这类辅助呼吸的构造，而是由腹部的一个鳃孔、口腔内壁表皮与肠道来掌管呼吸，能直接自空气中呼吸。体裸露润滑无鳞片，富黏液。无胸鳍和腹鳍，背鳍和臀鳍退化仅留皮褶，无软刺，都与尾鳍相联合。生活时体呈黄褐色，体背为黄褐色，腹部颜色较淡，全身具不规则黑色斑点纹。黄鳝的体色常随栖居的环境而不同。

地理分布：国外广泛分布于亚洲东部及附近的大小岛屿，西起东南亚，东至菲律宾群岛，北起日本，南至东印度群岛。国内各地均有生产，以我国长江流域、辽宁和天津产量较多。

物种评述：黄鳝为热带及暖温带、营底栖生活的鱼类，适应能力强。常栖息于河道、湖泊、沟渠、塘堰及稻田中，穴居。为肉食凶猛性鱼类，白天潜伏于洞穴中，多在夜间出外摄食，能捕食各种小动物，如昆虫及其幼虫，也能吞食蛙、蝌蚪和小鱼。黄鳝摄食多属啜吸方式，每当感触到有小动物在其口边，即张口啜吸。性贪，夏季摄食最为旺盛，寒冷季节可长期不食，而不至死亡。能吞吸空气，可适应缺氧的水体，离水不易死亡。黄鳝具性逆转的特性，一次性成熟前均为雌性，产卵后，卵巢渐变成精巢。

雌鳝达性成熟的最小个体长约 340 mm。产卵在洞穴中,亲鱼有护卵的习性。其肉细嫩,味鲜美,刺少肉厚,可食部分达65%,营养丰富,为中国的特产经济鱼类。

8 乌鳢 *Ophiocephalus argus*(Cantor)

乌鳢,别称黑鱼、乌鱼、乌棒、蛇头鱼、文鱼、财鱼,属脊索动物门、硬骨鱼纲、鲈形目、鳢科、鳢属的一种鱼类。

形态特征:形呈长棒状,头大,身体前部呈圆筒形,后部侧扁。口裂大,吻部圆形,口内齿牙丛生。眼小,居于头的前半部,鼻孔两对,前鼻孔位于吻端呈管状,后鼻孔位于眼前上方,为一小圆孔。鳃裂大,左右鳃膜愈合,不与颊部相连。鳃耙粗短,排列稀疏,鳃腔上方左右各具有一辅助功能的鳃上器。偶鳍皆小,背鳍和臀鳍特长,尾鳍圆形。头顶部有许多感觉小孔,体色背部灰绿色,腹部灰白色,体侧有"八"字形排列的明显黑色条纹。头部有 3 对向后伸出的条纹,全身披有中等大小的鳞片,圆鳞,头顶部覆盖有不规则鳞片。

地理分布:除高原地区外,主要分布于长江流域以及北至黑龙江一带,尤以湖北、江西、安徽、河南、辽宁等省居多。长江流域以南亦有,但较少见。

物种评述:个体较大,生长快,为凶猛鱼类,常潜伏在水草丛中伺机袭捕食物。主食鱼、虾,繁殖力强,胃口奇大,常能吃掉某个湖泊或池塘里的其他所有鱼类,甚至不放过自己的幼鱼。口腔内具辅助呼吸器,常吞吸空气,能适应缺氧环境。当久旱无雨,湖水即将干枯时,它能像某些动物冬眠一样,呈蛰伏状态,这时它尾部朝下把身体坐进泥里,只留嘴巴露在泥面以上,俗称黑鱼"坐概"或"坐遁",这就是黑鱼的"旱眠"。这时它处于麻木状态,可持续数周,等再次来水时黑鱼便恢复正常。产卵期在5~7月。亲鱼将水草搅成环形的巢,产卵于其中,卵为浮性,亲鱼有守巢和护仔鱼的习性。还能在陆地上滑行，迁移到其他水域寻找食物，可以离水生活 3 天之久，含肉量高，肉白嫩鲜美，富有营养，是中国人的盘中佳肴。

二、节肢动物门

节肢动物门 Arthropoda 别称节肢动物，是身体分节、附肢也分节的动物。它是动物界最大的一门，全世界约有 120 万现存种，占整个现动物种数的 80%。可分为 5 个亚门：三叶虫亚门 Trilobitomorpha（三叶虫纲）、螯肢亚门 Chelicerata（肢口纲、蛛形纲、海蜘蛛纲）、甲壳亚门 Crustacea（头虾纲、桨足纲、鳃足纲、软甲纲、颚足纲）、六足亚门 Hexapoda（内口纲、昆虫纲）、多足亚门 Myriapoda（倍足纲、唇足纲、少足纲、综合纲）。节肢动物生活环境极其广泛，无论是海水、淡水、土壤、空中都有它们的踪迹，有些种类还寄生在其他动物的体内或体外。

节肢动物身体两侧对称。由一列体节构成，异律分节，可分为头、胸、腹三部分，或头部与胸部愈合为头胸部，或胸部与腹部愈合为躯干部。例如：昆虫纲（蝗虫）动物身体分头、胸、腹三部分；甲壳亚门（虾）动物身体分头胸、腹两部分；蛛形纲（蜘蛛）动物身体分头胸部、腹部；多足亚门（蜈蚣）动物身体分头部、躯干部。身体的分部在生理功能上也出现了分工：头部为感觉和取食中心；胸部为运动和支持中心；腹部为营养和繁殖中心。

（一）昆虫纲

昆虫是自然界中种类最多的动物类群，全世界估计有昆虫 10 万种，约占地球所有生物物种的 65%。我国的昆虫种类约占世界昆虫种类的 1/10。全世界已描述的昆虫种类 1 080 760 种，我国到 2003 年 3 月 18 日已记录了 79 313 种（包括分布于台湾的 14 713 种和香港的 6 134 种）。还有更多的昆虫尚未被发现。

　　昆虫是森林生态系统的重要组成部分。很多昆虫是重要的传粉者,并非所有昆虫都是害虫。全世界已记录了 115 万种昆虫,其中有害昆虫 8 万余种,但能真正造成危害的不过 3 000 余种,我国目前已记载的害虫仅占昆虫的 2.38% 左右。真正对人类有害的害虫种类极少,其余绝大多数是无害或者是有益的。虽然在全部昆虫中大约有 50% 是植食性的,但植食性的种类除了一部分取食农作物的害虫外,还有一些是取食杂草的,它们是防治杂草的自然天敌,有许多是捕食性或寄生性的天敌昆虫,对有害生物起了重要的自然控制作用。很多美丽的蝴蝶和蛾类具有极大的艺术观赏价值,有些昆虫具有食用及药用价值。同时,由于大多数昆虫处于食物链的第二和第三个环节,它们使自然界不同物种之间通过取食和被取食产生了相互依存、相互制约的关系,成为促进生态系统的物质循环、能量流动和维持生态平衡的重要因素。它们对维护森林生态系统的平衡,具有十分重要的意义。

　　经过多年调查,紫金山查明的昆虫有 15 目 150 科 847 属 1 188 种,其中双叉犀金龟、中华虎凤蝶为国家二级保护动物,另外还有很多昆虫为资源昆虫及有益昆虫,其中天敌昆虫有 7 目 39 科 155 属 224 种。

紫金山昆虫分目汇总

序号	目名(拉丁名)	科数	属数	种数
1	鳞翅目(Lepidoptera)	36	418	606
2	鞘翅目(Coleoptera)	26	134	172
3	蜻蜓目(Odonata)	8	25	33
4	蜚蠊目(Blattaria)	2	2	2
5	竹节虫目(Phasmida)	1	1	1
6	螳螂目(Mantedea)	1	4	4

续表

序号	目名(拉丁名)	科数	属数	种数
7	等翅目(Isoptera)	2	4	5
8	直翅目(Orthoptera)	14	21	24
9	革翅目(Dermaptera)	1	1	1
10	缨翅目(Thysanoptera)	1	3	8
11	半翅目(Hemiptera)	11	48	56
12	同翅目(Homoptera)	21	91	131
13	脉翅目(Neuroptera)	3	5	8
14	双翅目(Diptera)	3	28	45
15	膜翅目(Hymenoptera)	20	62	92
	合计	150	847	1 188

1 江苏草蛾 *Ethmia assamensis*

江苏草蛾,属鳞翅目、草蛾科昆虫。

形态特征:成虫体长 8～12 mm,翅展 23～25 mm,触角灰褐色,头顶及颜面灰白色,胸部背面有 4 枚黑斑,翅面上有 15 个黑色点,后翅淡灰褐色,腹面橘黄色,足深褐色,有灰色斑,后足胫节黄色,有长毛。卵扁圆球形、直径 0.7～0.8 mm。幼虫体长 25～30 mm,头部灰黑或黄褐色,体黄褐色或橘黄色,各节有一

对黑色疣状圈点,上面着生黄褐色和黑色短刚毛,背线棕白色。蛹长 15～20 m,赤褐色,有"花菜"状突起物,蛹外包有质地疏松的薄茧。

地理分布:江苏。

物种评述:一年发生 3 代,以老熟幼虫在树皮裂缝、翘皮下结薄茧越冬。主要寄主为粗糠树,幼虫食叶肉留下叶脉和叶网,造成叶片缀合成网幕,叶枝枯黄,树势衰弱。

2 茶柄脉锦斑蛾 *Eterusia aedea*(Linnaeus,1763)

茶柄脉锦斑蛾,属昆虫纲、鳞翅目、斑蛾科、脉锦斑蛾属昆虫。

形态特征:成虫体长 17～20 mm,翅展 56～66 mm,翅蓝黑色,前翅有黄白色斑 3 列,后翅有黄白色斑 2 列,呈黄白色宽带。触角双栉形,雄蛾的栉齿发达,雌蛾触角末端膨大,端部栉齿明显。头至第 2 腹节青黑色,有光泽。腹部第 3 节起背面黄色,腹面黑色。卵,卵椭圆形,鲜黄色,近孵化时转灰褐色。幼虫体长 20～30 mm,圆形似菠萝状。体黄褐色,肥厚,多瘤状突起,中、后胸背面各具瘤突 5 对,腹部 1～8 节各有瘤突 3 对,第 9 节生瘤突 2 对,瘤突上均簇生短毛。体背常有不定型褐色斑纹。蛹,蛹长 20 mm 左右,黄褐色。茧,茧褐色,长椭圆形,丝质。

地理分布:江苏。

物种评述：一年发生2代。以老熟幼虫于11月后在茶丛基部分杈处，或枯叶下、土隙内越冬。

3　重阳木锦斑蛾 *Histia rhodope*（Cramer）

重阳木锦斑蛾，别称重阳木斑蛾。属鳞翅目、斑蛾科昆虫。

形态特征：成虫体长17～24 mm，平均19 mm；翅展47～70 mm，平均61 mm。头小，红色，有黑斑。触角黑色，齿状，雄蛾触角较雌蛾宽。前胸背面褐色，前、后端中央红色。中胸背黑褐色，前端红色；近后端有2个红色斑纹，或连成"U"字形。前翅、后翅都为黑色，前翅反面基部有蓝光。卵，卵圆形，略扁，表面光滑。卵长0.73～0.82 mm，宽0.45～0.59 mm。幼虫体肥厚而扁，头部常缩在前胸内，腹足趾钩单序中带。蛹体长15.5～20 mm，平均17 mm。初化蛹时全体黄色，腹部微带粉红色。

地理分布：国外分布于印度、缅甸、印度尼西亚等东南亚地区。国内分布于江苏、浙江、湖北、湖南、福建、台湾、广东、广西、云南等。

物种评述：主要危害重阳木。成虫白天在重阳木树冠或其他植物丛上飞舞，吸食补充营养。卵产于叶背。幼虫取食叶片，严重时将叶片吃光，仅残留叶脉等。苏州地区一年发生4代，以老熟幼虫在重阳木树皮、枝干、树洞、墙缝、石块、杂草等处结茧

潜伏过冬。越冬幼虫至次年 4~5 月化蛹,5 月上中旬开始羽化为成虫,5 月中下旬为发蛾盛期。苏州第 1 代幼虫于 5 月下旬盛孵,6 月上中旬为食害盛期,6 月中下旬至 7 月上旬下树结茧化蛹,6 月下旬至 7 月上旬为羽化盛期。第 2 代幼虫于 7 月上中旬盛孵,7 月下旬幼虫能在 3~4 日内把全树叶片吃光,8 月上中旬下地结茧化蛹,8 月中下旬为羽化盛期。第 3 代幼虫于 8 月下旬盛发,常见于 9 月上旬食尽全树绿叶,仅余枝丫,10 月中下旬陆续见蛾。第 4 代幼虫发生于 11 月中旬,11 月下旬开始越冬。

4 桑褐刺蛾 *Setora postornata*(Hampson)

桑褐刺蛾,别称褐刺蛾、八角丁、毛辣子、八角虫。为鳞翅目、刺蛾科、桑褐刺蛾属的一种昆虫。

形态特征:成虫体长 15~18 mm,翅展 31~39 mm,全体土褐色至灰褐色、浅绿色、花色。前翅前缘近 2/3 处至近肩角和近臀角处,各具一暗褐色弧形横线,两线内侧衬影状带,外横线较垂直,外衬铜斑不清晰,仅在臀角呈梯形。雌蛾体色、斑纹较雄蛾浅。卵扁椭圆形,黄色,半透明。幼虫体长 35 mm,黄色,背线天蓝色,各节在背线前后各具 1 对黑点,亚背线各节具 1 对突起,其中后胸及 1、5、8、9 腹节突起最大。茧灰褐色,椭圆形。

地理分布:分布于我国山东、河北、陕西、安徽、江苏、浙江、江西、广西、四川、云南等。

物种评述:幼虫取食多种树木的叶肉,仅残留表皮和叶脉。体表有毒毛,粘于身上有疼痛感,且奇痒难忍。在紫金山一年2 代,以老熟幼虫在树干附近土中结茧越冬。成虫夜间活动,有趋光性,卵多成块产在叶背,每雌产卵 300 多粒,幼虫孵化后在叶背群集并取食叶肉,半月后分散为害,取食叶片。老熟后入土结茧化蛹。

5 扁刺蛾 *Thosea sinensis*（Walker）

扁刺蛾，别称洋黑点刺蛾、辣子。为鳞翅目、刺蛾科、扁刺蛾属的昆虫。

形态特征：成虫雌蛾体长 13～18 mm，翅展 28～35 mm。体暗灰褐色，腹面及足的颜色更深。前翅灰褐色、稍带紫色，中室的前方有一明显的暗褐色斜纹，自前缘近顶角处向后缘斜伸。雄蛾中室上角有一黑点（雌蛾不明显）。后翅暗灰褐色。卵扁平光滑，椭圆形，长 1.1 mm，初为淡黄绿色，孵化前呈灰褐色。幼虫老熟幼虫体长 21～26 mm，宽 16 mm，体扁、椭圆形，背部稍隆起，形似龟背。全体绿色或黄绿色，背线白色。体两侧各有 10 个瘤状突起，其上生有刺毛，每一体节的背面有两小丛刺毛，第四节背面两侧各有一红点。蛹长 10～15 mm，前端肥钝，后端略尖削，近似椭圆形。初为乳白色，近羽化时变为黄褐色。茧长 12～16 mm，椭圆形，暗褐色，形似鸟蛋。

地理分布：广布于全国各地东北、华北、华东、中南地区。

物种评述：扁刺蛾以幼虫蚕食植株叶片，低龄啃食叶肉，稍大食成缺刻和孔洞，严重时食成光秆，致树势衰弱。主要危害苹果、梨、桃、梧桐、枫杨、白杨、泡桐、柿子等多种果树和林木。北方每年发生 1 代，长江下游地区 2 代，少数 3 代，均以老熟幼虫在树下 3～6 cm 土层内结茧以前蛹越冬。成虫多在黄昏羽化出土，昼伏夜出，羽化后即可交配，2 天后产卵，多散产于叶面上，卵期 7 天左右。幼虫共 8 龄，6 龄起可食全叶，老熟多夜间下树入土结茧。

6 **瓜绢野螟** *Diaphania indica*（Saunders）

瓜绢野螟,为鳞翅目、螟蛾科、绢野螟属的一种昆虫。

形态特征:成虫体长 15 mm,翅展 23～26 mm。白色带丝绢般闪光,头部及胸部浓墨褐色;触角灰褐色,线形,长度约与翅长相等;下唇须下侧白色,上部褐色。翅白色半透明,有金属紫光;翅基片深褐色,末端鳞片白色;前翅沿前缘及外缘各有一淡墨褐色带,翅面其余部分为白色三角形,缘毛黑褐色;后翅白色半透明有闪光,外缘有一条淡黑褐色带,缘毛黑褐色。腹部白色,第 7、8 腹节深黑褐色,腹部两侧各有一束黄褐色臀鳞毛丛。卵椭圆形,长 0.5 mm,宽 0.3 mm,扁平,赤黄色,各卵呈鱼鳞状排列。老熟幼虫体长 35 mm;体黄绿色,头部黑色,体背有两条白线,亚背线和气门上线有暗褐色条斑。蛹长 15 mm,绿色,背面有黑褐色斑纹。

地理分布:国内分布于华东、华中、华南、台湾等。

物种评述:危害常春藤、木槿、冬葵、大叶黄杨等花木。以幼虫危害植株叶部,初龄幼虫先在叶背上取食叶肉,被害叶片上呈现出灰白色斑。三龄以后常将叶片左右卷起,以丝连缀,虫体栖居其中,取食时伸出头、胸部。幼虫老熟后,即在卷叶中化蛹。成虫白天不活动,多栖息在叶丛、杂草间,夜间活动,有较强的趋光性。卵产在寄主叶片背面,散产或几粒聚在一起。该虫一年发生 4～5 代,以老熟幼虫在枯卷叶片中越冬,翌春 5 月成虫羽化。该虫世代不整齐,在每年 7～9 月,成虫、卵、幼虫和蛹同时存在,10 月以后吐丝结茧越冬。

7 **黄杨绢野螟 *Diaphania perspectalis*（Walker）**

黄杨绢野螟,属鳞翅目、螟蛾科、绢野螟属的一种昆虫。

形态特征:成虫体长 14～19 mm,翅展 33～45 mm;头部暗褐色,触角褐色,胸、腹部浅褐色,胸部有棕色鳞片,腹部末端深褐色;翅白色半透明,有紫色闪光,前翅前缘褐色,中室内有两个白点,后翅外缘边缘黑褐色。卵椭圆形,长 0.8～1.2 mm,初产时白色,孵化前为淡褐色。幼虫老熟时体长 42～60 mm,头宽 3.7～4.5 mm;初孵时乳白色,化蛹前头部黑褐色,胴部黄绿色,表面有具光泽的毛瘤及稀疏毛刺,前胸背面具 2 块三角形较大黑斑;胸足深黄色,腹足淡黄绿色。蛹纺锤形,棕褐色,长 24～26 mm,宽 6～8 mm;腹部尾端有臀刺 6 枚,以丝缀叶成茧,茧长 25～27 mm。

地理分布:全国普遍分布。

物种评述:上海、江苏、四川、贵州、湖南一带一年发生 3～4 代,世代重叠严重;主要危害黄杨科植物,如瓜子黄杨、雀舌黄杨、大叶黄杨、小叶黄杨、朝鲜黄杨以及冬青、卫矛等植物,其中以瓜子黄杨和雀舌黄杨受害最重。以幼虫食害嫩芽和叶片,常吐丝缀合叶片,于其内取食,受害叶片枯焦,严重的被害株率达 50% 以上,甚至可达 90%,暴发时可将叶片吃光,造成黄杨成株枯死。该虫成虫飞翔力弱,远距离传播主要靠人为的种苗调运,因此做好检疫,杜绝害虫随苗木调运而扩散,可有效控制该虫蔓延危害。

8 **桃蛀螟 *Dichocrocis punctiferalis*（Guenée）**

桃蛀螟,别称桃斑螟、桃蛀心虫、桃蛀野螟。为鳞翅目、草螟科、蛀野螟属的一种昆虫。

形态特征:成虫体长 12 mm 左右,翅展 22～25 mm,黄至橙黄色,体、翅表面具许多黑斑点似豹纹。卵椭圆形,长 0.6 mm,宽 0.4 mm,初乳白渐变橘黄、红褐色。"幼虫"体长 22 mm,体色多变,有淡褐、浅灰、浅灰蓝、暗红等色,腹面多为淡绿色,头暗褐色。蛹长 13 mm,初淡黄绿色后变褐色,臀棘细长,末端有曲刺 6 根。茧长椭圆形,灰白色。

地理分布:分布于我国黑龙江、内蒙古、台湾、海南、云南、山西、甘肃、西藏等地。

物种评述:桃蛀螟幼虫俗称蛀心虫,属重大蛀果性害虫,主要危害板栗、玉米、向日葵、桃、李、山楂等多种农林植物和果树。辽宁年生 1～2 代,河北、山东、陕西 3 代,河南 4 代,长江流域 4～5 代,均以老熟幼虫在玉米、向日葵、蓖麻等残株内结茧越冬。成虫羽化后白天潜伏在高粱田经补充营养才产卵,把卵产在吐穗扬花的高粱上,卵单产,每雌可产卵 169 粒,初孵幼虫蛀入幼嫩籽粒中,堵住蛀孔在粒中蛀害,蛀空后再转一粒,3 龄后则吐丝结网缀合小穗,在隧道中穿行为害,严重的把整穗籽粒蛀空。幼虫老熟后在穗中或叶腋、叶鞘、枯叶处及高粱、玉米、向日葵秸秆中越冬。雨多年份发生重。天敌有黄眶离缘姬蜂、广大腿小蜂。

9 金盏网蛾 *Camptochilus sinuosus*(Warren,1896)

金盏网蛾,也称金盏拱肩网蛾。属鳞翅目、网蛾科、肩网蛾属的一种昆虫。

形态特征:翅展 27～28 mm。头、胸及腹部均为黄褐色,并有金属光泽。前翅前缘拱起,致使呈弯曲形,前缘中部外侧有 1 个三角形褐斑,翅基本褐色,并有 4 条弧形横线,中室下方至后缘呈褐色晕斑,向外方逐渐变淡,其上有若干不规则的网状纹。后翅基半褐色,有金黄色花蕊形斑纹,外半金黄色,缘毛褐

色。前、后翅反面颜色及斑纹与正面相同。

地理分布：国内分布于浙江、湖北、江西、海南、福建、海南、广西、四川等。

物种评述：以幼虫切割柿叶卷成螺旋状，并在其中咀食。

10　洋麻钩蛾 *Cyclidia substigmaria*（Hübner）

洋麻钩蛾，属鳞翅目、圆钩蛾科、圆钩蛾属的一种昆虫。

形态特征：翅膀表面银白色，具淡灰褐色斑纹。雌雄差异不大。

地理分布：分布于南京紫金山、台湾。生活在低、中海拔山区。

物种评述：在紫金山一年 3～4 代。幼虫以八角枫叶片为食，成虫出现于 3～10 月，夜晚具趋光性。

11　榆凤蛾 *Epicopeia mencia*（Moore）

榆凤蛾，别称燕凤蛾、榆长尾蛾、榆燕尾蛾、燕尾蛾。为鳞翅目、凤蛾科昆虫。

形态特征：成虫体长为 20 mm 左右，翅展为 80 mm 左右，形态似凤蝶，体翅灰黑或黑褐色。触角栉齿状，腹部各节后缘为红色。前翅外缘为黑色宽带，后翅有 1 个尾状突起，有两列不规则的斑，斑为红色或灰白色。卵黄色。幼虫老熟时体长为 55 mm左右，体为浅绿色。背中浅黄色，各节有黑褐色斑点。全身被盖厚厚一层白色蜡粉，其蜡粉不平整，形成凸凹状，有时辨认不出虫体本身。蛹黑褐色。茧椭圆形。

地理分布：分布于沈阳、北京、济南、南京、杭州、河南、贵阳等。

物种评述：榆凤蛾幼虫以叶榆、榔榆、白榆、刺榆、黑榆、大果榆和垂枝榆等各种榆树为食。河北、山东地区一年发生 1 代，河

南、湖北地区一年发生 2 代,均以蛹在土壤中越冬,翌年 5~7 月成虫羽化,成虫白天飞翔与交配,晚上休息,无趋光性。卵散产在叶片上,卵期约 8 天。初孵幼虫只食叶肉,大龄幼虫蚕食叶片。幼虫喜欢在枝梢上为害,严重时常常数十头堆积在一起。幼虫白天静伏在枝上,夜间大量取食。山东、河北地区以 7~8 月为害最严重,9 月开始老熟,入土结茧化蛹。中国南方 2 代区,有世代重叠现象。

12 油桐尺蠖 *Buasra suppressaria*(Guenée)

油桐尺蠖,又名大尺蠖、桉尺蠖、量步虫,属鳞翅目尺蛾科的一种食叶性害虫。

形态特征:雌成虫体长 24~25 mm,翅展 67~76 mm,触角丝状。体翅灰白色,密布灰黑色小点。翅基线、中横线和亚外缘线系不规则的黄褐色波状横纹,翅外缘波浪状,具黄褐色缘毛。足黄白色。腹部末端具黄色绒毛。雄蛾体长 19~23 mm,翅展 50~61 mm。触角羽毛状,黄褐色,翅基线、亚外缘线灰黑色,腹末尖细。其他特征同雌蛾。卵长 0.7~0.8 mm,椭圆形,蓝绿色,孵化前变黑色。幼虫,末龄幼虫体长 56~65 mm,初孵幼虫长 2 mm,灰褐色,背线、气门线白色。蛹,长 19~27 mm,圆锥形。

地理分布:分布于江苏、浙江、安徽、江西、海南、福建、广西、广东等。

物种评述:油桐尺蠖幼虫食性较广,主要危害油桐等经济林。随着速生桉大面积纯林的出现,油桐尺蠖在一些地区已成为速生桉的主要害虫,可在短期内将大片速生桉树叶吃光,形似火烧,严重影响树势生长。油桐尺蛾一般一年发生 2~4 代,而且普遍存在虫龄重叠现象。完成一个世代需要经过成虫、卵、幼虫和蛹 4 个阶段。

13　丝棉木金星尺蛾 *Calospilos suspecta*（Warren）

丝棉木金星尺蛾，属鳞翅目、尺蛾科的一个物种。

形态特征：成虫雌虫体长 12～19 mm，翅展 34～44 mm。翅底色银白，具淡灰色及黄褐色斑纹，腹部金黄色。雄虫体长 10～13 mm，翅展 32～38 mm，翅上斑纹同雄虫；腹部亦为金黄色，有由黑斑组成的条纹 7 行，后足旺节内仍有一丛黄毛。老熟幼虫体长 28～32 mm，体黑色，刚毛黄褐色，头部黑色。前胸背板黄色，有 3 个黑色斑点，中间的为三角形。蛹纺锤形，体长 9～16 mm，宽 3.5～5.5 mm；初化蛹时头、腹部黄色，胸部淡绿色，后逐渐变为暗红色。卵椭圆形长 0.8 mm，宽 0.6 mm，卵壳表面有纵横排列的花纹。

地理分布：分布于华北、中南、华东、华北、西北、东北等地区。

物种评述：寄主为丝棉木、大叶黄杨、扶芳藤。食叶害虫，常暴发成灾，短期内将叶片全部吃光。引起小枝枯死或幼虫到处爬行，既影响绿化效果，又有碍市容市貌。一年发生 4 代，以蛹在土中越冬。成虫多在夜间羽化，白天较少，成虫白天栖息于树冠、枝、叶间，遇惊扰作短距离飞翔，夜间活动，有弱趋光性。成虫无补充营养习性，一般于夜间交尾，少数在白天进行，持续 6～7 小时；不论雌雄，成虫一生均只交尾 1 次；交尾分离后于当天傍晚即可产卵，多成块产于叶背，沿叶缘成行排列，少数散产。每雌产卵 2～7 块，每块有卵 1～195 粒不等，幼虫共 5 龄。

14　蜻蜓尺蛾 *Cystidia stratonice*（Stoll）

蜻蜓尺蛾，是鳞翅目、尺蛾科的一种昆虫。

形态特征：前翅长 31 mm，触角线形。下唇须细长，约 1/3

以上伸出额外,灰黑色,腹面白色。额、头顶和胸背披灰黑色长毛。腹部极细长,黄色有黑斑。翅极狭长,灰白色,斑纹灰黑色。斑纹的宽窄常有变化,边界模糊不清。翅反面颜色、斑纹与正面相同。

地理分布:国外分布于日本、朝鲜、俄罗斯东南部。国内分布于湖南、东北、华北、华中地区及台湾。

物种评述:幼虫多食性,一年发生 1 代,幼虫越冬。

15 黄蝶尺蛾 *Thinopteryx crocoptera*（Koller）

黄蝶尺蛾为鳞翅目、尺蛾科的一种昆虫。

形态特征:展翅宽 51～57 mm,翅膀表面橙黄色;上翅前缘具灰白色带,翅中央及两端间有 2 条褐色条纹;下翅具尖尾突。雌雄差异不大。

地理分布:除了冬季外,成虫生活在平地至中海拔山区。

物种评述:夜晚具趋光性。

16 马尾松毛虫 *Dendrolimus punctatus*（Walker）

马尾松毛虫,又名毛辣虫、毛毛虫。属鳞翅目、枯叶蛾科、松毛虫属的一种昆虫。

形态特征:成虫,体色变化较大,有深褐、黄褐、深灰和灰白等色。体长 20～30 mm,头小,下唇须突出,复眼黄绿色,雌蛾触角短栉齿状,雄蛾触角羽毛状,雌蛾展翅 60～70 mm,雄蛾展翅 49～53 mm。前翅较宽,外缘呈弧形弓出,翅面有 5 条深棕色横线,中间有一白色圆点,外横线由 8 个小黑点组成。后翅呈三角形,无斑纹,暗褐色。卵近圆形,长 1.5 mm,粉红色,在针叶上呈串状排列。幼虫体长 60～80 mm,深灰色,各节背面有橙红色或灰白色的不规则斑纹。背面有暗绿色宽纵带,两侧灰白色,第 2、3 节背面簇生蓝黑色刚毛,腹面淡黄色。蛹长 20～

35 mm,暗褐色,节间有黄绒毛。茧灰白色,后期污褐色,有棕色短毒毛。

地理分布:分布于我国秦岭至淮河以南各省。

物种评述:主要为害马尾松、湿地松等,大发生时,能在较短时间内使大面积松林受害,如同火烧,致使松树的长势减弱或成片死亡,并影响人、畜健康。该虫在中山陵风景区一年发生2代,初孵幼虫群集啃食老松叶边缘,使针叶枯黄卷曲,受惊后吐丝下坠。一般6龄,3龄后分散为害,受惊后弹跳坠落,幼虫期一般为一个月至一个半月,但越冬代可长达200天。老熟幼虫在针叶丛、树皮上或杂草、灌木上结茧化蛹,蛹期2～3周。成虫及老龄幼虫扩散能力较强。

17 野蚕蛾 *Theophila mandarina*（Moore,1872）

野蚕蛾,别称野蚕、桑蚕、桑狗、桑野蚕。为鳞翅目、蚕蛾科、野蚕蛾属的一种昆虫。

形态特征:成虫雌蛾体长20 mm,翅展46 mm,雄蛾小。全体灰褐色,触角暗褐色羽毛状。前翅上具深褐色斑纹,外缘顶角下方向内凹,翅面上具褐色横带2条,二带间具一深褐色新月纹。后翅棕褐色。卵长1.2 mm,横径1 mm,扁平椭圆形,初白黄色,后变灰白色。末龄幼虫体褐色,具斑纹。4龄体长40～65 mm,头小,胸部2、3节特膨大,第2胸节背面有1对黑纹。茧灰白色,椭圆形。

地理分布:分布于东北、华南、华东等地。

物种评述:辽宁一年2代,山东2～3代,长江流域4代,以卵在桑树的枝干上越冬。成虫喜在白天羽化,羽化后不久即交尾产卵,卵产在枝条或树干上群集一起,三五粒到百余粒,排列不整齐。每雌产卵数各代不一,最多228粒,最少118粒。雌蛾寿命2～8天,4代10～20天,雄蛾很短。非越冬卵卵期8～

10 天,越冬卵 204 天。幼虫多在 6～9 时孵化,低龄幼虫群集为害梢头嫩叶,成长幼虫分散为害,3 龄蚕全龄经过 12～16 天,4 龄 14～34 天,老熟幼虫在叶背或两叶间、叶柄基部、枝条分权处吐丝结茧化蛹。一代蛹期 22 天,二代 12 天,三代 14 天,四代 45 天。天敌有野蚕黑卵蜂、野蚕黑疣蜂、广大腿蜂等。

18 绿尾大蚕蛾 *Actias selene ningpoana*（Felder）

绿尾大蚕蛾,别称绿尾天蚕蛾、月神蛾、长尾水青蛾、水青蛾、绿翅天蚕蛾、柳蚕,是鳞翅目、大蚕蛾科、尾蚕蛾属的一种中大型蛾类。

形态特征:成虫体长 32～38 mm,翅展 100～130 mm。体粗大。成虫豆绿色,翅粉绿色,前后翅中央各有一椭圆形眼斑,外侧有 1 条黄褐色波纹,后翅尾状,特长,40 mm 左右。幼虫体黄绿色,体节近六角形,着生肉突状毛瘤,毛瘤上具白色刚毛和褐色短刺。胸足褐色,腹足棕褐色,上部具黑横带。

地理分布:广泛分布于亚洲和中国的中东部、南部地区。

物种评述:一年发生 2 代,以茧蛹附在树枝或地被物下越冬。翌年 5 月中旬羽化、交尾、产卵,卵期 10 余天。第 1 代幼虫于 5 月下旬至 6 月上旬发生,7 月中旬化蛹,蛹期 10～15 天。7 月下旬至 8 月为一代成虫发生期。第 2 代幼虫 8 月中旬始发,为害至 9 月中下旬,陆续结茧化蛹越冬。成虫昼伏夜出,有趋光性,每雌可产卵 200～300 粒。成虫寿命 7～12 天。初孵幼虫群集取食,2、3 龄后分散,取食时先把 1 叶吃完再为害邻叶,残留叶柄。幼虫行动迟缓,食量大,每头幼虫可食 100 多片叶子。幼虫老熟后于枝上贴叶吐丝、结茧化蛹。第 2 代幼虫老熟后下树,附在树干或其他植物上吐丝结茧、化蛹越冬。寄主植物包括柳、枫杨、栗、乌桕、木槿、樱桃、苹果等多种树木。

19　樟蚕 *Eriogyna pyretorum*（Westwood，1847）

樟蚕,别称枫蚕,属鳞翅目、大蚕蛾科、樟蚕属的蛾类昆虫。

形态特征:成虫雌蛾体长 32～35 mm,翅展约 100～115 mm,雄蛾略小。体翅灰褐色,前翅基部暗褐色,外侧为一褐条纹,条纹内缘略呈紫红色;翅中央有一眼状纹,翅顶角外侧有紫红色纹两条,内侧有黑褐色短纹两条;外横线棕色,双锯齿形;翅外缘黄褐色,其内侧有白色条纹。后翅与前翅略同。卵椭圆形,乳白色,初产卵呈浅灰色,长径 2 mm 左右。初孵幼虫黑色,成长幼虫头黄色,胴部青黄色,被白毛。腹足外侧有横列黑纹,臀足外侧有明显的黑色斑块。臀板有 3 个黑点,或仅有 1 个,甚至完全消失。体长 74～92 mm。蛹纺锤形,黑褐色,体长 27～34 mm,外被棕色厚茧。

地理分布:印度、缅甸、越南等国均有分布;中国多见于广东、台湾、广西、福建、江西、湖南等地。

物种评述:樟蚕一年发生 1 代,以蛹在枝干、树皮缝隙等处的茧内越冬。3 月上旬开始羽化,4 月上中旬为羽化盛期。成虫羽化后不久即可交尾,有强趋光性。卵产于枝干上。2～4 月幼虫相继出现,1～3 龄幼虫群集取食,4 龄以后分散为害,5 月下旬至 6 月上旬幼虫老熟,陆续结茧化蛹,至 7 月下旬全部化蛹完毕。樟蚕为杂食性害虫,危害银杏、樟树、板栗、枫杨、枫香、桦木、檫木、枇杷、柑橘等。

20　樗蚕蛾 *Philosamia cynthia*（Walker et Felder）

樗蚕蛾,又称蛇头蛾,为鳞翅目、大蚕蛾科、蓖麻蚕属的一种蛾类。

形态特征:成虫体长 25～33 mm,翅展 127～130 mm,体青

褐色。前翅褐色,前翅顶角后缘呈钝钩状,最明显的特征就是翅面上有 4 个月牙形的半透明斑纹。更为奇特的是,其前翅尖端钝圆状,加之有一个黑色的小眼斑,看起来就像一个活生生的蛇头,因而也有人喜欢将樗蚕蛾称作"蛇头蛾"。据推测这种斑纹可以恐吓天敌,有一定的自我保护作用。卵灰白色或淡黄白色,扁椭圆形,长约 1.5 mm。幼龄幼虫淡黄色,有黑色斑点。中龄后全体被白粉,青绿色。老熟幼虫体长 55～75 mm。体粗大,头部、前胸、中胸有对称蓝绿色棘状突起。胸足黄色,腹足青绿色,端部黄色。茧长约 50 mm,土黄色或灰白色。蛹棕褐色,长26～30 mm,宽 14 mm,椭圆形,体上多横皱纹。

地理分布:分布于东北、华北、华东、西南各地。

物种评述:樗是臭椿树的古称,樗蚕蛾以臭椿为食,也会危害乌桕、樟树、盐肤木、核桃等。北方年发生 1～2 代,南方年发生 2～3 代,以蛹藏于厚茧中越冬。成虫有趋光性,并有远距离飞行能力,飞行可达 3 000 m 以上。羽化出的成虫当即进行交配。成虫寿命 5～10 天。卵产在叶背和叶面上,聚集成堆或成块状,每头雌虫产卵 300 粒左右,卵历期 10～15 天。初孵幼虫有群集习性,3～4 龄后逐渐分散为害。幼虫历期 30 天左右。幼虫老熟后即在树上缀叶结茧,树上无叶时,则下树在地被物上结褐色粗茧化蛹。第 2 代茧期约 50 多天。

21 紫光箩纹蛾 *Brahmaea porpuyrio*(Chu et Wang)

紫光箩纹蛾,为鳞翅目、箩纹蛾科、褐箩纹蛾属的一种蛾类。

形态特征:成虫体长 32～38 mm,翅展 125～131 mm,体大型,棕褐色。喙发达,触角双栉齿状,腹部背节间有黄褐色横纹。前翅中带中部两个长圆形纹呈紫红色,并在其外侧有一个紫红色区域,中带内侧有 7 条深褐色和棕色的箩筐编织纹,中带外侧有 5～7 条浅褐色和棕色的箩筐编织纹。翅外缘浅褐色,有一列半球形的灰褐色斑。后翅内侧棕色或黑褐色,外侧有10条浅褐色和棕色箩筐编织纹。前、后翅翅脉均为蓝褐色。幼虫:老熟幼虫体长90 mm,棕黄色,背面有黄褐色斑纹及许多黄褐色小点。气门黑色,椭圆形。

地理分布:国内分布在安徽、江苏、浙江、江西等地。

物种评述:寄生于桂花、丁香、女贞、油橄榄等。幼虫食害寄主植物叶片,食量很大,叶片常大量被食光。在南京一年1代,以蛹在土中越冬。翌年6月成虫出现。卵散产于寄主植物叶部。6~7月幼虫为害叶片。

22 榆绿天蛾 *Callambulyx tatarinovi*（Bremer et Grey）

榆绿天蛾,又名云纹天蛾,为鳞翅目、天蛾科蛾类。

形态特征:成虫体长30~33 mm,翅展75~79 mm。翅面粉绿色,有云纹斑;胸背墨绿色;前翅前缘顶角有一块较大的三角形深绿色斑,后缘中部有块褐色斑。翅的反面近基部后缘淡红色。后翅红色,后缘角有墨绿色斑,外缘淡绿;翅反面黄绿色;腹部背面粉绿色。触角上面白色,下面褐色。各足腿节淡绿色,跗节赤褐色。卵淡绿色,椭圆形。幼虫鲜绿色,体长80 mm,头部有散生小白点。腹部两侧第一节起有7个白斜纹。背线和尾角赤褐色。蛹褐色,长35 mm。

地理分布:国外分布于日本、俄罗斯、欧洲。国内分布于内蒙古、湖南、四川、福建、贵州等。

物种评述:在华北地区一年发生1~2代,以蛹在土壤中越冬。翌年5月出现成虫,6~7月为羽化高峰。成虫日伏夜出,趋光性较强,卵散产在叶片背面。6月上中旬见卵及幼虫,6~9月为幼虫危害期。主要以幼虫食害榆树、柳树、杨树、槐树、构树、桑树等园林植物的叶片。

23 咖啡透翅天蛾 *Cephonodes hylas*（Linnaeus，1882）

咖啡透翅天蛾,别称栀子大透翅天蛾,隶属于鳞翅目、天蛾科、透翅天蛾属。

形态特征:成虫翅长 20～34 mm。胸部背面黄绿色,腹面白色;腹部前端草青,中部紫红,后部杏黄色,尾部毛丛黑色;腹部腹面黑色,第 5、6 节两侧有白斑;触角黑色,前半部粗大,端部尖而曲;翅透明,脉棕黑色,基部草绿,顶角黑色;后翅内缘至后角有浓绿色鳞毛。卵 1～1.3 mm,球形,鲜绿色至黄绿色。末龄幼虫体长 52～65 mm,浅绿色。头部椭圆形。前胸背板具颗粒状突起,各节具沟纹 8 条。亚气门线白色,其上生黑纹。蛹长 25～38 mm,红棕色。

地理分布:国内分布于山西、安徽、江西、湖南、湖北、四川、福建、广西、云南、台湾等。

物种评述:一年生 2～5 代,以蛹在土中越冬,成虫白天活动,喜欢快速振动着透明的翅膀在都市庭院的花间穿行,吸花蜜时靠翅膀悬停空中,尾部鳞毛展开,如同鸟的尾羽,加上颇似鸟类的形体,常常被误认为蜂鸟。卵产在寄主嫩叶两面或嫩茎上,每雌产卵 200 粒左右。幼虫多在夜间孵化,昼夜取食,老熟后体变成暗红色,从植株上爬下,入土化蛹羽化或越冬。幼虫主要以啃食药用植物黄栀子及咖啡、花椒树等的叶片为生,有时会把花蕾、嫩枝都吃光,造成光秆或枯死。

24 黑长喙天蛾 *Macroglossum pyrrhosticta*（Butler，1875）

黑长喙天蛾,属鳞翅目、天蛾科、长喙天蛾属的一种蛾类。

形态特征:成虫翅长 23～25 mm。体翅黑褐色,头及胸部有黑色背线,肩板两侧有黑色鳞毛;腹部第 1、2 节两侧有黄色斑,第 4、5 节有黑色斑,第 5 节后缘有白色毛丛,端毛黑色刷状;腹面灰色至褐色,各纵线灰黑色;前翅各横线呈黑色宽带,近后缘向基部弯曲,外横线呈双线波状,亚外缘线甚细不明显,外缘线细黑色,翅顶角至 6、7 脉间有一黑色纹;后翅中央有较宽的黄色横带,基部与外缘黑褐色,后缘黄色;翅反面暗褐色,后部黄色,外缘暗褐色,各横线灰黑色。

地理分布:国外分布于日本、印度、越南、马来西亚等;国内分布于北京、东北、华北、四川、贵州等。

物种评述:寄主为牛皮冻属植物。

25 蓝目天蛾 *Smerinthus planus*（Walker）

蓝目天蛾,别称柳天蛾、蓝目灰天蛾,属鳞翅目、天蛾科的一种蛾类。

形态特征:成虫体长 30～35 mm,翅展 80～90 mm。体翅灰黄至淡褐色,触角淡黄色,胸部背面中央有一个深褐色大斑。前翅顶角及臀角至中央有三角形浓淡相交暗色云状斑,后翅淡黄褐色,中央紫红色,有一个深蓝色的大圆眼状斑。卵椭圆形长径约 1.8 mm,初产鲜绿色,有光泽,后为黄绿色。老熟幼虫体长 70～80 mm,头黄绿色,近三角形,两侧色淡黄。胸部青绿色,各节有较细横格。前胸有 6 个横排的颗粒状突起,中胸有 4 小环,胸足褐色,腹足绿色,端部褐色。蛹长柱状,长 40～43 mm。初化蛹暗红色,后为暗褐色。

地理分布:国内分布于东北、华北、华东、西北等。

物种评述:东北 1 代,华北 2 代,长江流域 4 代。以蛹在根际土壤中越冬。成虫昼伏夜出,具趋光性。卵多产于叶背,每雌可产卵 300～400 粒,卵经 7～14 天孵化为幼虫。初孵幼虫先吃去大半卵壳,后爬向较嫩的叶片,将叶子吃成缺刻或孔洞,稍大常将叶片吃光,残留叶柄。老熟幼虫在化蛹前 2～3 天,体背呈

暗红色,从树上爬下,钻入土中 55～115 mm 处,做成土室后即蜕皮化蛹越冬。幼虫寄主:杨、柳、梅花、桃花、樱花等多种绿地植物。

26 杨二尾舟蛾 *Cerura menciana*（Moore）

杨二尾舟蛾,别称杨双尾天社蛾、杨双尾舟蛾,为鳞翅目、舟蛾科、二尾舟蛾属的一种蛾类。

形态特征:成虫体长 28～30 mm,翅展 75～80 mm,全体灰白色。前、后翅脉纹黑色或褐色,上有整齐的黑点和黑波纹,纹内有 8 个黑点。后翅白色,外缘有 7 个黑点。卵赤褐色,馒头形,直径 3 mm。幼虫体长 50 mm,前胸背板大而坚硬,后胸背面有角形肉瘤。一对臀足退化成长尾状,其上密生小刺,末端赤褐色。蛹赤褐色,长 25 mm,体有颗粒状突起,尾端钝圆。茧灰黑色,椭圆形,坚实,上端有一胶质密封羽化孔。

地理分布:中国东北、华北、华东及长江流域均有分布。

物种评述:上海一年 2 代。以幼虫吐丝结茧化蛹越冬。第一代成虫 5 月中下旬出现。幼虫 6 月上旬为害,第二代成虫 7 月上、中旬,幼虫 7 月下旬至 8 月初发生。每雌产卵 130～400 粒。卵散产于叶面上,每叶 1～3 粒。初产时暗绿色,渐变为赤褐色。初孵幼虫体黑色,老熟后呈紫褐色或绿褐色,体较透明。幼虫活泼,受惊时尾突翻出红色管状物,并左右摆动。老熟幼虫爬至树干基部,咬破树皮和木质部吐丝结成坚实硬茧,紧贴树干,其颜色与树皮相近。成虫有趋光性。幼虫取食杨树与柳树叶片。

27 杨扇舟蛾 *Clostera anachoreta*（Denis et Schiffermüller,1775）

杨扇舟蛾,又名白杨天社蛾、白杨灰天社蛾、杨树天社蛾,是鳞翅目、舟蛾科、扇舟蛾属的一种蛾类。

形态特征:成虫体长 13～20 mm,翅展 28～42 mm。虫体灰褐色,头顶有一个椭圆形黑斑。前翅灰褐色,扇形,有灰白色横带 4 条,前翅顶角处有一个暗褐色三角形大斑,顶角斑下方有一个黑色圆点。后翅灰白色,中间有一横线。卵初产时橙红色,孵化时暗灰色,馒头形。幼虫老熟时体长 35～40 mm。头黑褐色,全身密披灰黄色长毛,身体灰赭褐色,背面带淡黄绿色。蛹褐色,尾部有分叉的臀棘。茧椭圆形,灰白色。

地理分布:国外分布于欧洲、日本、朝鲜、印度、斯里兰卡和印度尼西亚等地。国内除新疆、贵州、广西和台湾尚无记录外,几乎遍布全国各地。

物种评述:在我国,从北至南年发生 2～3 代至 8～9 代不等。在辽宁一年 2～3 代,华北一年 3～4 代,华中一年 5～6 代,华南一年 6～7 代,以蛹在地面落叶,树干裂缝或基部老皮下结茧越冬。海南一年 8～9 代,整年都危害,无越冬现象。成虫昼伏夜出,多栖息于叶背面,趋光性强。雌蛾产卵 100～600 粒,卵期 7～11 天。幼虫共 5 龄,幼虫期 33～34 天左右。初孵幼虫群栖,1～2 龄时常在一叶上剥食叶肉;2 龄后吐丝缀叶成苞,藏匿其间,在苞内啃食叶肉,遇惊后能吐丝下垂随风飘移;3 龄后分散取食,逐渐向外扩散为害,严重时可将整株叶片食光。老熟时吐丝缀叶作薄茧化蛹。幼虫危害杨树柳树叶片,严重时在短期内将叶吃光,影响树木生长。

28 黄二星舟蛾 *Lampronadata cristata*(Butler,1877)

黄二星舟蛾,别名槲天社蛾,是鳞翅目、舟蛾科、星舟蛾属的一种蛾类。

形态特征:成虫体长 28～32 mm,翅展 68～74 mm。翅浅黄至黄褐色,头部灰白色。雌蛾触角丝状,雄蛾触角基部双栉齿状,端部丝状。前翅翅面上有 3 条暗褐色横线。横脉纹由两个大小相同的黄色圆点组成。卵半球形,直径 1.28～1.35 mm。

幼虫共 6 龄。蛹长 26～37 mm,体黑色,外被淡黄褐色薄茧。

地理分布:国外分布于日本、朝鲜、俄罗斯、缅甸等地。国内分布于东北、华北、华中、华东等地区。

物种评述:在南京一年 2 代,部分个体一年 1 代,均以蛹在表土层的薄茧内越冬。成虫夜间羽化,有趋光性,飞翔力较强。每雌产卵 400～600 粒,第 1 代卵历期 5～8 天,幼虫孵化后吐丝下垂,随风扩散,1～2 龄幼虫在叶背面取食叶肉,受害叶片呈网状。3 龄后取食整个叶片,4 龄以后进入暴食期。是栎类树木的重要食叶害虫,在紫金山 1985—1986 年曾大面积危害。

29 苹掌舟蛾 *Phalera flavescens*(Bremer et Grey,1852)

苹掌舟蛾,别称舟形毛虫、苹果天社蛾、黑纹天社蛾、举尾毛虫、举肢毛虫。是鳞翅目、舟蛾科、掌舟蛾属的一种蛾类。

形态特征:成虫体长 22～25 mm,翅展 49～52 mm。头胸部淡黄白色,腹背雄虫残黄褐色,雌蛾土黄色,末端均为淡黄色,复眼黑色球形。触角黄褐色,丝状。前翅银白色,在近基部生 1 长圆形斑,外缘有 6 个椭圆形斑,横列成带状,翅中部有淡黄色波浪状线 4 条,后翅浅黄白色,近外缘处生 1 褐色横带。卵球形,直径约 1 mm,初淡绿后变灰色。幼虫 5 龄,末龄幼虫体长 55 mm 左右,被灰黄长毛。头、前胸盾、臀板均为黑色。蛹长 20～23 mm,暗红褐色至黑紫色。

地理分布:国外分布于日本、朝鲜、俄罗斯等地。国内分布于东北、华北、华中、华东、华南、西北、西南等多地。

物种评述:一年发生 1 代。以蛹在寄主根部或附近土中越冬。成虫 7 月中下旬羽化最多,白天隐藏在树冠内或杂草丛中,夜间活动,趋光性强。卵期 6～13 天。幼虫孵化后先群居叶片背面,初龄幼虫受惊后成群吐丝下垂。在 3 龄时即开始分散。幼虫白天停息在叶柄或小枝上,头、尾翘起,形似小舟,早晚取食,寄主有苹果、梨、杏、桃、李、梅、樱桃、山楂、海棠、沙果等。幼虫的食量随龄期的增大而增加,达 4 龄以后,食量剧增。幼虫期平均为 31 天左右,8 月中下旬为发生为害盛期,9 月上中旬老熟幼虫沿树干下爬,入土化蛹。

30 剑心银斑舟蛾 *Tarsolepis remicaude*(Butler,1872)

剑心银斑舟蛾,为鳞翅目、舟蛾科、银斑舟蛾属的一种蛾类。

形态特征:成虫雄蛾体长 36 mm,翅展 48 mm。头部暗红褐色,前、后翅暗灰红褐色,前翅前缘和基部黄褐色,外缘淡灰色宽带,内衬银白边。第 1、2 脉和第 3、4 脉间各有大银斑,前者三角形,后者尖心形。后翅内缘和基部灰黄色。末龄幼虫体长 60 mm,胸宽 8 mm,头、体黄绿色。前胸背片有一倒梯形的黄绿斑块,胸足股节黑褐色,体背面其余部位为黄绿色。蛹体长约 27 mm,全体黑褐色。

地理分布:国外分布于泰国、越南、缅甸、马来西亚等。国内分布于云南、广西。

物种评述:年发生代数和生活习性未详。但该蛾在广西的崇左、龙州等地,常年于 4 月以幼虫为害龙眼的嫩叶。老熟幼虫入土作室化蛹。预蛹期 4~5 天,于 7 月下旬陆续羽化。

31 蕾鹿蛾 *Amata germana*(Felder)

蕾鹿蛾,别称茶鹿蛾,是鳞翅目、鹿蛾科的一种蛾类昆虫。

形态特征:成虫体长 12~16 mm,翅展 28~40 mm,体黑褐色。触角丝状,黑色,顶端白色。头黑色,额橙黄色。中、后胸各有 1 个橙黄色斑,腹部各节具有黄或橙黄色带。翅黑色,前翅基部通常具黄色鳞片,m_1 斑方形,m_2 斑楔形,m_3 斑亚菱形,m_4 斑长形。后翅后缘基部黄色,中室、中室下方及 Cu_2 脉处为透明斑。卵椭圆形,长径 0.76~0.80 mm,短径 0.65~0.70 mm。初

产卵乳白色,孵化前转变为褐色。初龄幼虫体长 0.20～2.2 mm,头深绿色,体黄褐色。老熟幼虫体长 22～29 mm,头橙红色。蛹纺锤形,长 12～17 mm,宽 3.6～5.0 mm,橙红色。

地理分布:国外分布于日本和印度尼西亚等地。国内分布于福建和云南等地。

物种评述:在福建南平一年发生 3 代,以幼虫越冬。成虫白天活动频繁,无趋光性。卵多产在黑荆树嫩叶背面或嫩梢上,排列整齐。幼虫 7 龄,少数 8 龄。初孵幼虫先食卵壳,然后群集于嫩叶上,取食叶肉组织。2 龄后开始分散危害,食叶呈缺刻状。5 龄后幼虫食量较大,常转枝或转株危害。老熟幼虫吐少量丝缠绕于枝叶及虫体上化蛹,蛹悬挂于黑荆树小枝上。预蛹期 2～3 天,蛹期 8～16 天。幼虫主要危害黑荆树。

32 优雪苔蛾 *Cyana hamata*(Walker,1854)

优雪苔蛾,属鳞翅目、灯蛾科、雪苔蛾属的一种蛾类。

形态特征:翅展 26～38 mm,雄蛾白色,前翅亚线红色,向前缘扩展,内线向外折角至中室末端的红点,横脉纹上有 2 个黑点,前缘毛缨上有 1 个红点,外线红色斜线,端线红色;后翅红色,缘毛白色。雌蛾前翅内线在中室向外弯,横脉纹上有 1 个黑点。

地理分布:国外分布于日本。国内分布于河南、江苏、浙江、湖北、江西、湖南、福建、台湾、广东、广西、四川。

物种评述:未见相关报道。

33 之美苔蛾 *Miltochrista ziczac*(Walker)

之美苔蛾,属鳞翅目、灯蛾科、美苔蛾属的一种蛾类。

形态特征:展翅宽 19～30 mm。前翅表面白色,中央具连续的"之"字形黑色线条,最大特征为前缘外段与外缘具连接的桃红色边带。雌雄差异不大。

物种评述:除冬季外,成虫生活在低、中海拔山区。夜晚具趋光性。

34 枫毒蛾 *Lymantria nebulosa*(Wileman)

枫毒蛾,为鳞翅目、毒蛾科、毒蛾属昆虫。

形态特征:成虫翅展雄蛾 35 mm 左右,雌蛾 42 mm 左右。触角干灰色,栉齿黑褐色。头部和胸部灰褐色,腹部棕白色,微带粉红色,头部与胸部间粉红色,足灰褐色带黑斑,前翅白色布黑褐色鳞,后翅灰褐色微带黄棕色,基半部黄棕色。雌蛾与雄蛾相似,但内、外线间黑褐色鳞不浓密。卵扁圆形,棕黄色。直径 1.0～1.2 mm,高 0.8～0.9 mm,淡黄色,较坚硬。幼虫体长 25～50 mm,幼虫头部棕黄色,有棕褐色点。体棕黄色,有黑褐色网状斑。蛹纺锤形,头部较钝,尾部较尖,长 17～36 mm,棕褐色,头部、背部和腹部两侧有黄色短毛丛。

地理分布:国内分布在江苏、浙江、江西、台湾、湖北、湖南等地。

物种评述:在南京,枫毒蛾一年发生 3 代,以卵越冬。卵的越冬场所是树皮缝隙中,翌年 4 月下旬幼虫孵化,主要危害时间在 5 月中下旬,5 月下旬至 6 月上旬为化蛹盛期,蛹期 5～13 天,6 月上中旬为羽化盛期。第 2 代幼虫出现在 7 月上旬至 8 月上旬,成虫高峰期为 7 月下旬至 8 月上旬。第 3 代幼虫 8 月中下旬陆续出现,成虫高峰期为 9 月中下旬。幼虫共 6 龄,少数 5 龄。幼虫期 21 天,初孵幼虫爬行迅速,幼虫通常活泼,喜光,但不群聚生活,幼龄幼虫常能吐丝下垂。1～2 龄幼虫多在叶背取食,留下叶面表皮,3 龄后从叶缘取食,食叶成缺口,4 龄后食量较大,可食尽全叶。幼虫整天都可取食,以上午取食最频繁。幼虫老熟后,常沿树干爬至离地面 1～2 m 处寻找化蛹场所。在树

干基部枫香树叶或其周围的草丛或灌木上化蛹,化蛹时,虫体面朝内背朝外,不结茧,仅吐极少量丝把虫体网于树叶背面,预蛹期 2～3 天,蛹期 5～13 天。幼虫主要危害枫香。

35 大丽灯蛾 *Callimorpha histrio*(Walker,1855)

大丽灯蛾,属鳞翅目、灯蛾科、大丽灯蛾属的一种蛾类昆虫。

形态特征:翅展 66～100 mm。头、胸、腹橙色,头顶中央有 1 个小黑斑,额、下唇须及触角黑色,颈板橙色,中间有 1 个闪光大黑斑,翅基片闪光黑色,胸部有闪光黑色纵斑,腹部背面具黑色横带,第 1 节黑斑呈三角形,末 2 节的为方形,侧面及腹面各具一列黑斑。前翅闪光黑色,前缘区从基部至外线处有 4 个黄白斑。一脉上方有 6 个大小不等的黄白斑,中室末有 1 个橙色斑点,中室外至 2 脉末端上方有 3 个斜置的黄白色大斑。后翅橙色,中室中部下方至后缘有 1 条黑带,横脉纹为大黑斑,其下方有 2 个黑斑位于 2 脉及 1 脉上,外缘翅顶至 2 脉处黑色,其内缘呈齿状,在亚中褶外缘处有 1 个黑斑。

地理分布:分布于江苏、浙江、湖北、江西、湖南、福建、台湾、四川、云南等。

物种评述:除了冬季外,成虫生活在低、中海拔山区。白天喜访花,夜晚亦具趋光性。

36 日龟虎蛾 *Chelonomorpha japona* Motschulsky

日龟虎蛾,属鳞翅目、虎蛾科的一种蛾类。

形态特征:体长 22～23 mm 翅展 56～63 mm。头部及胸部黑色,下唇须基部、头顶、颈板及翅基片有蓝白斑。腹部黄色,背面有黑横条。前翅黑色,中室基部有一黄斑,中室端部有一长方形黄斑,其后在亚中褶中部另有一黄斑,外区前、中部各有一黄色方形斑,亚端区有一列扁圆黄斑,2～5 脉间的斑小。后翅杏黄色,基部黑色,中室顶角有一黑斑,中室下角外有一黑斑,其后另有一黑斑,并外伸一黑线,端带黑色,前宽后窄,内缘波曲,近顶角处一组黄斑。

地理分布:分布于福建、广东、西南等地区。

物种评述:成虫白天活动,无趋光性。

37 小地老虎 *Agrotis ypsilon*(Rottemberg)

小地老虎,别称地蚕、切根虫、夜盗虫,是鳞翅目、夜蛾科、地老虎属的一种蛾类昆虫。

形态特征:成虫体长 21～23 mm,翅展 48～50 mm,头部与胸部褐色至黑灰色,腹部灰褐色,前翅棕褐色,前缘区色较黑,中部外方有一楔形黑纹伸达外线,中线黑褐色,波浪形。亚端线灰白,锯齿形。后翅半透明白色,翅脉褐色,前缘、顶角及端线褐色。幼虫头部暗褐色,侧面有黑褐斑纹,体黑褐色稍带黄色,密布黑色小圆突。卵:扁圆形。蛹:黄褐至暗褐色,腹末稍延长。

地理分布:国外全世界,国内全国各地均有分布。

物种评述:长江以北一般年 2～3 代,长江以南年 3～5 代,南亚热带地区 6～7 代。造成严重危害的均为第一代幼虫。成虫具有强烈的趋化性,喜吸食糖蜜等带有酸甜味的汁液,对普通灯趋光性不强,但对黑光灯趋性强。成虫寿命,雌蛾 20～25 天,雄蛾 10～15 天。每雌可产卵 1 000～4 000 粒,卵历期为 3～5 天。幼虫共 6 龄,但少数为 7～8 龄。幼虫食性很杂,主要为害各类作物的幼苗期,比如棉花、麦类、玉米、高粱、粟、豆类、十字花科蔬菜、瓜类、烟草、茄、番茄、马铃薯、甘薯、茶、甜菜、洋葱等。1～3 龄幼虫日夜均在地面植株上活动取食,取食叶片(特别是心叶)成孔洞或缺刻;4 龄以后,白天躲在表土内,夜间出来取食。幼虫老熟后,大都迁移到田埂较干燥的土内,在深 6～10 cm处筑土室化蛹,一般以幼虫和蛹在土中越冬。

38　青安钮夜蛾　*Anua tirhaca*（Cramer，1777）

青安钮夜蛾，属于鳞翅目、裳夜蛾科、安钮夜蛾属的一种蛾类。

形态特征：成虫体长 29～31 mm，翅展 67～70 mm。头部及胸部黄绿色，下唇须褐色，胫节、跗节外侧黑褐色。前翅黄绿色，有裂纹，端区褐色，内线歪斜至后缘中部，环纹为一黑点，肾纹褐色，内缘直，外缘外弯。后翅黄色，亚端带黑色。卵扁球形，直径约 1.0 mm，表面密布纵纹。幼虫：绿色或黄褐色，老熟幼虫体长约 65 mm。蛹赤褐色，长约 30 mm。

地理分布：国外分布于东南亚、非洲南部及欧洲，国内分布于福建、广东、海南、广西、云南等地。

物种评述：幼虫分布于广大地区的杂草灌木间。成虫飞翔力强，昼伏夜出，晚上取食、交尾、产卵等。成虫以果实汁液为食料，尤喜吸食近成熟或成熟果实的汁液。在广西西南部的果园，一年中 4～6 月为害枇杷、桃、李和早熟荔枝果实；5 月下旬～7 月为害荔枝果实；7 月中旬～8 月上旬为害龙眼果实；6 月～8 月上旬除荔枝、龙眼外，还为害芒果、黄皮等；8 月中旬以后开始为害柑橘果实。一天中以晚上 8～11 时觅食活跃，闷热、无风、无月光的夜晚，成虫出现数量较大，为害最严重。

39　苎麻夜蛾　*Cocytodes caerulea*（Guenée）

苎麻夜蛾，别称红脑壳虫、摇头虫，为鳞翅目、夜蛾科的一种蛾类昆虫。

形态特征：成虫体长 20～30 mm，翅展 50～70 mm，体和翅茶褐色。前翅顶角具近三角形褐色斑，肾状纹棕褐色，外缘具 8 个黑点。后翅生青蓝色略带紫光的 3 条横带。卵长约 1 mm，扁圆形，米黄色。幼虫体长 60～65 mm。3 龄前浅黄绿色，3 龄

后变为黄白或黑色两型。卵扁圆形,长约 1 mm,乳白色。蛹长 24～33 mm,体粗壮,初为棕色,后转为黑褐色。

地理分布:江苏。

物种评述:长江流域一年 3 代,以成虫在麻田、草丛、土缝或灌木丛中越冬。成虫白天多隐蔽在麻荄中或麻田附近灌木丛中,黄昏和黎明前活动旺盛,多把卵产在麻株叶片背面,有集中产卵习性和趋光性。卵经 6 天左右孵化,幼虫共 6 龄。初孵幼虫群集顶部叶背为害,把叶肉食成筛状小孔,幼虫活跃,受惊后吐丝下垂或以腹足、尾足紧抱叶片左右摆头,口吐黄绿色汁液。3 龄后分散为害,5 龄后食量剧增,每天食 3～5 片叶。幼虫期 16～26 天,老熟后爬至附近枯枝、落叶或表土中化蛹。幼虫主要取食麻、荨麻、蓖麻、亚麻、大豆等。

40 三斑蕊夜蛾 *Cymatophoropsis trimaculata*(Bremer)

三斑蕊夜蛾,属鳞翅目、夜蛾科的一种蛾类。

形态特征:成虫长 15 mm,翅展 35 mm。头部黑褐色、胸部白色,翅基片端半部与后胸褐色,腹部灰褐色,前后端带白色,前翅黑褐色,基部、顶角及臀角各一大斑,底色白,中有暗褐色,斑外缘毛白色,其余黑褐色。后翅褐色,横脉纹及外线暗褐色。

地理分布:国外分布于日本、朝鲜。国内分布于河北、黑龙江等。

物种评述:北京一年发生 1 代,以老熟幼虫入土筑室化蛹越冬。翌年 5 月成虫羽化,成虫趋光性强。卵单产于叶梢上。幼虫白天栖息于枝条,晚上取食。

41 鼎点金刚钻 *Earias cupreoviridis*(Walker)

鼎点金刚钻,属鳞翅目、夜蛾科的一种小蛾类昆虫。

形态特征:成虫体长 6～8 mm,翅展 16～18 mm。下唇须、

前足跗节及前翅缘基均为玫红色,前翅基本上为黄绿色,外缘角橙黄色,外缘波状褐色,翅上具鼎足状3个小斑点。卵鱼篓状,初蓝色,其指状突起灰白色,上部棕黑色别于翠纹金刚钻。末龄幼虫体长10～15 mm,浅灰绿色,第2～12节各具枝刺6个,头顶板下半部橘色,唇基橘色,上生褐色圆斑,腹部第8节灰色且大。蛹长7.5～9.5 mm,赤褐色。

地理分布:国内分布于河北、河南、山西、四川、湖北、江苏、贵州、湖南、江西等地。

物种评述:一年生4～6代,以4代为主。鼎点金刚钻在安徽一年发生4～5代,以蛹在茧中过冬,过冬茧多附着在棉秸的枯铃、铃壳及残枝落叶上。翌年4、5月开始羽化。在安庆地区各代成虫产卵盛期分别是5月下旬、6月下旬、7月下旬、8月下旬和9月下旬。第一代主要在棉葵、蜀葵、木槿上产卵繁殖,从第二代期大部迁入棉田,以7～9月危害最重。在棉田可危害至10月,随后过冬。成虫白天隐藏于叶背,夜间活动,有趋光性。卵散产,在棉花现蕾前,多产于棉株顶部嫩叶上,结铃期则主要产于棉株上部的顶心及果枝尖端。每雌能产卵60～210粒。卵期4～5天。幼虫先蛀食棉株嫩头,2天后使棉株嫩头变黑、枯萎。幼虫长大可转移危害蕾、花、铃,多从基部蛀入,取食纤维和棉籽;危害小铃,多使其脱落;危害大铃,只蛀食一部分,虽不致使脱落,但能导致烂铃或造成僵瓣。2～3龄幼虫转移危害的习性最强,幼虫一生可危害蕾、铃8～9个。幼虫多数4龄,幼虫期13～20天。老熟幼虫多选择在蕾、铃苞叶内结茧化蛹,蛹期6～9天。金刚钻在适温高湿的条件下发生重,在现蕾早、生长茂密的棉田危害也重。

42　旋皮夜蛾　*Eligma narcissus*（Cramer，1775）

旋皮夜蛾，又称臭椿皮蛾、椿皮灯蛾，为鳞翅目、夜蛾科、旋夜蛾属的一种蛾类昆虫。

形态特征：成虫体长 26～28 mm，翅展 67～80 mm，头及胸部为褐色，腹面橙黄色。前翅狭长，翅的中间近前方自基部至翅顶有一白色纵带，把翅分为两部分，前半部灰黑色，后半部黑褐色，足黄色。幼虫老熟时体长 48 mm 左右，橙黄色，腹面淡黄色，头部深黄色，各节背面有一条黑纹，沿黑纹处有突起瘤，上生灰白色长毛。蛹长 26 mm，宽 8 mm，扁纺锤形，红褐色。茧长扁圆形，土黄色。

地理分布：国外分布于日本、印度、马来西亚、菲律宾、印度尼西亚等。国内分布于浙江、江苏、上海、河北、云南、山东、河南、四川、福建、湖北、湖南、陕西、贵州、甘肃等地。

物种评述：一年 2 代，以包在薄茧中的蛹在树枝、树干上越冬。4 月中下旬（臭椿树展叶时），成虫羽化，有趋光性，一雌可产卵 100 多粒，卵分散产在叶片背面。卵期 4～5 天。1～3 龄幼虫群集危害，喜食幼嫩叶片，4 龄后分散在叶背取食，受到震动容易坠落和脱毛。幼虫老熟后，爬到树干咬取枝上嫩皮和吐丝粘连，结成丝质的灰色薄茧化蛹。茧多紧附在 2～3 年生的幼树枝干上，蛹期 15 天左右。幼虫主要为害臭椿、香椿、红椿、桃和李等园林观赏树木。

43　鸟嘴壶夜蛾　*Oraesia excavata*（Butler）

鸟嘴壶夜蛾，别称葡萄紫褐夜蛾、葡萄夜蛾。属鳞翅目、夜蛾科、嘴壶夜蛾属的一种蛾类昆虫。

形态特征:成虫体长 23~26 mm,翅展 49~51 mm,褐色。头和前胸赤橙色,中、后胸赭色。前翅紫褐色,具线纹,翅尖钩形,外缘中部圆突,后缘中部呈圆弧形内凹,自翅尖斜向中部有两根并行的深褐色线,肾状纹明显。后翅淡褐色,缘毛淡褐色。卵球形,0.8 mm,初淡黄色渐变淡褐色,上有红褐色斑纹。幼虫体长 44~45 mm,前端较尖,头部灰褐色,布满黄褐色斑点,头顶橘黄色,体灰黑色。初孵幼虫头褐色、体细长淡黄绿色具黑色长刚毛。低龄全褐色。蛹长 23 mm,暗褐色。

地理分布:国内分布于华北地区、河南、陕西等。

物种评述:在湖北武汉和浙江黄岩一年发生 4 代,以成虫、幼虫或蛹越冬。成虫夜间活动吸食多种水果的汁液,有趋光性,略有假死性。卵多产在木防己植物上,幼虫以产卵植物的叶片为食料,老熟幼虫常在寄主基部或附近的杂草丛中,以丝将叶片、碎枝条、苔藓粘作薄茧并化蛹其中。幼虫食害葡萄、木防己的叶片成缺刻与孔洞。成虫以其构造独特的虹吸式口器插入成熟果实吸取汁液,造成大量落果及贮运期间烂果。成虫危害的植物有柑橘、荔枝、龙眼、黄皮、枇杷、葡萄、桃、李、柿、番茄等多种果蔬成熟的果实,常招致巨大的经济损失。

44　旋目夜蛾 *Speiredonia retorta*（Linnaeus）

旋目夜蛾,为鳞翅目、夜蛾科的一种蛾类昆虫。

形态特征:成虫体长约 20 mm,雌雄体色显著不同。雌蛾褐色至灰褐色,前翅蝌蚪形黑斑尾部与外线近平行,后翅有白色至淡黄白色中带,内侧有 3 条黑色横带。雄蛾紫棕色至黑色,前翅有蝌蚪形黑斑,斑的尾部上旋与外线相连。卵灰白色,直径 0.86~1.02 mm。幼虫头部褐色,体灰褐色至暗褐色,有大量的黑色不规则斑点,构成许多纵向条纹。末龄幼虫体长约60 mm。

蛹体长 22~26 mm,红褐色。

地理分布:国外分布于日本、朝鲜、印度、斯里兰卡、缅甸、马来西亚等。国内除新疆、宁夏、青海、西藏、贵州、吉林之外,其余各省均有分布。

物种评述:幼虫取食合欢叶片,多在枝干及有伤疤处栖息,将身体伸直,紧贴树皮。老熟幼虫在枯叶碎片中化蛹。成虫吸食柑橘、苹果、葡萄、梨、桃、杏、李、杧果、木瓜、番石榴、红毛榴莲等植物的果实。

45 青凤蝶 *Graphium sarpedon*(Linnaeus)

青凤蝶,别名樟青凤蝶、青带樟凤蝶、蓝带青凤蝶、青带凤蝶,属鳞翅目、凤蝶科、青凤蝶属的一种蝶类昆虫

形态特征:成虫翅展 70~85 mm。翅黑色或浅黑色,前翅有一列青蓝色的方斑,从顶角内侧开始斜向后缘中部,从前缘向后缘逐斑递增。后翅前缘中部到后缘中部有 3 个斑,其中近前缘的一斑白色或淡青白色,外缘区有一列新月形青蓝色斑纹。有春、夏型之分,春型稍小,翅面青蓝色斑列稍宽。卵球形,乳黄色,直径与高均约 1.3 mm。初龄幼虫头部与身体均呈暗褐色,但末端白色。其后随幼虫的成长而色彩渐淡,至 4 龄时全体底色已转为绿色。即将化蛹时体色为淡绿色半透明。蛹体色依附着场所不同而有绿、褐两型。绿色型蛹的棱线呈黄色,使蛹体似樟树的叶片,体长约 33 mm。

地理分布:国外分布于日本、尼泊尔、不丹、印度、澳大利亚、东南亚。国内分布于华中、华东、西北、西南、台湾和香港。

物种评述:青凤蝶 1 年多代且世代重叠,以蛹越冬。成虫3~10 月出现,常在潮湿与开阔地带活动,在庭园、街道及树林空地也常见,有时早上和黄昏常结队在潮湿地及水池旁憩息。

喜欢访花吸蜜,常见于马缨丹属、醉鱼草属及七叶树属等植物的花上吸花蜜。成虫常将卵单产于寄主植物的新芽末端。老熟幼虫在寄主植物枝干或附近杂物荫凉处化蛹。幼虫的寄主有樟、楠、肉桂、油樟、潺槁木姜子、小梗黄木姜子、樟树、沉水樟、假肉桂、天竺桂、红楠、香楠、大叶楠、山胡椒等植物。

46 碎斑青凤蝶 *Graphium chironides*(Honrath,1819)

碎斑青凤蝶,属鳞翅目、凤蝶科、青凤蝶属的一种蝶类昆虫。

形态特征:成虫翅展 65～75 mm。体背面黑色,具绿毛,腹面淡白色。翅黑褐色,斑纹淡绿色或浅黄色。前翅中室有5个斑纹排成1列,亚顶角有2个斑点,亚外缘区有1列小斑,中区有1列斑从前缘伸到后缘,从前到后除第2斑外逐斑递长,最后一斑最长。后翅基半部有5～6个大小不同的纵斑,亚外缘区有1列点状斑,外缘波状而直。翅反面棕褐色,前翅斑纹淡绿色与正面相似。后翅亚外缘的斑列加宽,其内侧另有5个黄色斑纹,基部2～3个斑呈淡黄色。其余与正面相似。卵球形,直径约1 mm,初产时为淡黄色,后变为黄色,孵化前变为黑色。初孵幼虫体长约 1.5 mm,头褐色,身体黑色,体上长有肉刺。蛹长约30 mm,全身为浅绿色。

地理分布:国外分布于印度、缅甸、泰国、马来西亚、印度尼西亚等国。国内分布于浙江、福建、江西、广东、广西、海南、重庆、四川等地。

物种评述:成虫羽化后,经过1～2小时才完成展翅,成虫活动力很强,飞行速度快,访花,也常见于水边吸水。幼虫共5龄,初孵幼虫取食面积较大的叶片,先从叶片中间咬食一个不规则圆孔,老龄幼虫受惊动则会呈假死状态,主要取食木兰科及番荔枝科植物。

47　黎氏青凤蝶 *Graphium leechi*（Rothschild, 1895）

黎氏青凤蝶，属鳞翅目、凤蝶科、青凤蝶属的一种蝶类昆虫。

形态特征：成虫翅展 56～81 mm，体长 18～30 mm。体背黑色，翅黑褐色，前翅有 3 列淡蓝色斑纹组成的纵带，亚外缘一列呈斑点状，中室 1 列由 5 个不规则斑纹组成。后翅亚外缘有 1 列斑纹，中域至翅基另有 1 列长短不一的斑纹，前缘斑近内侧被截断。前翅缘毛黑色，后翅黑白相间。翅反面斑纹同正面，但较正面大。前翅近翅基部有一橘黄色斑点，后翅中域至后缘有一列橘黄色斑点。卵球形，直径 1.1 mm，初产时绿色，以后颜色加深，孵化前呈黑色。老熟幼虫长 35 mm，头宽 3.8 mm，头圆形，蜕裂缝淡黄色。蛹长 25～30 mm，通体绿色。

地理分布：国内分布于江西、浙江、湖南、湖北、四川、海南等地。

物种评述：在浙江一年发生 2～3 代，以蛹越冬。成虫白天羽化，善飞翔，寿命 9～19 天。卵产于新萌发的嫩叶正面，散产，卵期 3～6 天，2 代卵期短于第 1 代和第 3 代。幼虫 5 龄初孵幼虫在叶片正面取食卵壳，然后在卵壳附近咬食叶片，2 龄以后从叶缘蚕食叶片，老熟后移向叶背，幼虫期 21～37 天。蛹多在叶背，颜色青绿，越冬蛹可随叶片落到地面，羽化前蛹体变成黑色。当年蛹历期 11～15 天，2 代越冬蛹 220 天左右，3 代越冬蛹 160 天左右。幼虫主要取食木兰科的马褂木、厚朴和樟科的檫木。

48　中华虎凤蝶 *Luehdorfia chinensis*（Leech, 1889）

中华虎凤蝶，为鳞翅目、凤蝶科、虎凤蝶属的一种蝶类，该蝶共有 2 个亚种：华山亚种（*L. chinensis huashanensis*）〔现改为中

华虎凤蝶李氏亚种（*L. chinensis Leechou*）]和指名亚种（*L. chinensis Leech*）。

形态特征：成虫翅展 55～65 mm，雌雄同型。体、翅黑色，斑纹黄色。前翅具有 7 条黄色横斑带。后翅外缘锯齿不尖，在锯齿凹处有 4 个黄色半月斑。亚外缘有 5 个发达的红色斑连成带状，其内侧的黑色斑细小，中室的黑带与其下的黑带分离。尾突较短，臀角有 1 个缺刻。前后翅反面与正面基本相似。卵直径 1 mm，初产时淡绿色，孵化前变成黑褐色。幼虫头部坚硬，黑褐色，1～3 龄时有光泽，老熟幼虫无光泽，密被黑色刚毛。胸腹部深紫黑色，体表刚毛丛共 6 行。蛹体型粗短，粗糙不平，具金属光泽，体长 15～16.5 mm，宽 7.5～8.3 mm。

地理分布：是中国独有的一种野生蝶，西起四川攀枝花，东至我国东海岸，北起陕西华山，南至浙江平阳，大约在北纬 27°～34°范围内。

物种评述：中华虎凤蝶发生为一年 1 代，以蛹在地表的枯枝落叶下越冬。在紫金山成虫的发生期一般为 3 月中下旬，雄蝶比雌蝶羽化早 3～7 天。成虫觅食的蜜源植物主要有蒲公英、紫花地丁及其他堇菜科植物，有时也飞入田间吸食油菜花或蚕豆花蜜。成虫寿命，雄为 12～16 天，雌为 16～20 天。紫金山中华虎凤蝶寻偶行为为寻游型，成虫飞行能力强，在距离栖息地数公里外亦可见到散飞的成虫，其飞行敏捷，不易捕捉。雌蝶一般可产卵 40～70 粒，一张叶片上一般只产一堆卵，最多可产两堆卵，每堆卵数目多为 11～20 粒。卵期为 15～20 天。幼虫分 5 龄，幼虫期平均 33～35 天。

保护级别：华山亚种为国家二级保护动物。

49　金凤蝶 *Papilio machaon*（Linnaeus，1758）

金凤蝶，又名黄凤蝶、茴香凤蝶、胡萝卜凤蝶，隶属于鳞翅目、凤蝶科、凤蝶属的一种蝶类。

形态特征：成虫大型，体长约 30 mm，翅展 90～120 mm，体黄色，从头部至腹末具一条黑色纵纹，雄性比雌性宽。腹部腹面有黑色细纵纹。翅黑褐色至黑色，斑纹黄色或黄白色。前翅基部的 1/3 有黄色鳞片，中室端半部有 2 个横斑，中后区有一纵列斑，后翅基半部被脉纹分隔的各斑占据，亚外缘区有不十分明显的蓝斑，亚臀角有红色圆斑，外缘区有月牙形斑。幼虫幼龄时黑色，有白斑，形似鸟粪。老熟幼虫体长约 50 mm，长圆桶形，体表光滑无毛，淡黄绿色，各节中部有宽阔的黑色带一条。蛹为缢蛹，浅绿色或枯叶色。

地理分布：国外分布于亚洲、欧洲、北美洲等地。国内分布于东北、华北、华中、西北、西南、华东、华南等地区。

物种评述：每年 2～4 代，成虫将卵产在叶尖，每产 1 粒即行飞离。幼龄幼虫栖息于叶片主脉上，成长幼虫则栖息于粗茎上。幼虫白天静伏不动，夜间取食为害，遇惊时从第 1 节前侧伸出臭丫腺，放出臭气，借以拒敌。卵期约 7 天，幼虫期 35 天左右，蛹期 15 天左右。成虫喜欢访花吸蜜，少数有吸水活动。幼虫多寄生于伞形花科植物如茴香、胡萝卜、芹菜等蔬菜上，以叶及嫩枝为食。

50　美姝凤蝶 *Papilio macilentus*（Janson，1877）

美姝凤蝶，别称美姝凤蝶、姝美凤蝶，属鳞翅目、凤蝶科、凤蝶属的一种大型蝴蝶，没有亚种。

形态特征:成虫翼展约 9～12 cm,雌蝶略大于雄蝶。触须、头部和胸部为黑色,腹部也呈黑色。雌蝶前翅呈黑褐色略透,后翅为褐色,波浪形,边缘有 6～8 个环链珠形橘红色斑点并一直延伸到尾翼;雄蝶前翅黑色略透,比雌性窄,后翅黑色,波浪形顶端各有一黄色带状条纹,边缘有 4～6 个环链珠形橘红色斑点并一直延伸到尾翼。卵略呈扁球形,淡黄色,直径约 1.39～1.52 mm。老熟幼虫头部的上半部暗褐色,生毛,下半部无色。触角黄橙色。前胸背板的颜色与体色相同,为淡青绿色,但前缘淡绿色。蛹体长 35.5～42 mm。体色有绿色、暗绿色、灰白色、淡褐色、暗褐色等多种类型及许多中间型。

地理分布:国外分布于俄罗斯、日本、韩国等。

物种评述:一年 2～3 代。雄性飞行的速度快,整天活跃,雌性飞行速度缓慢,喜滑翔。后翅在阳光照耀下显得优雅高贵,成虫喜欢吸食花蜜。幼虫寄主为芸香科植物,主食臭常山、枸橘、芸香、樗叶花椒、胡椒木及青花椒。

51 玉带凤蝶 *Papilio polytes*(Linnaeus,1758)

玉带凤蝶,又称白带凤蝶、黑凤蝶、缟凤蝶,属鳞翅目、凤蝶科、凤蝶属的一种蝴蝶。玉带凤蝶雌蝶为多型性,色彩变化很大,因此有许多亚种。在中国有 4 个亚种。

形态特征:成虫体长 25～28 mm,翅展 77～95 mm。全体黑色,头较大,胸部背有 10 个白点,成 2 纵列。雄前翅外缘有 7～9 个黄白色斑点,后翅外缘呈波浪形,有尾突,翅中部有黄白色斑 7 个,横贯全翅似玉带。雌有二型,黄斑型与雄相似,后翅近外缘处有半月形深红色小斑点数个,或在臀角有一深红色眼状纹;赤斑型前翅外缘无斑纹,后翅外缘内侧有横列的深红黄色半月形斑 6 个,中部有 4 个大形黄白斑。卵球形,直径 1.2 mm,

初淡黄白,后变深黄色,孵化前灰黑至紫黑色。幼虫共 5 龄,初龄黄白色,2 龄黄褐色,3 龄黑褐色,4 龄油绿色,体上斑纹与老熟幼虫相似。老熟幼虫体长 45 mm,头黄褐,体绿至深绿色。蛹长 30 mm,体色多变,有灰褐、灰黄、灰黑、灰绿等。

地理分布:国外亚洲乃至东欧广泛分布,国内分布于黄河以南。

物种评述:河南年 3～4 代,浙江、四川、江西 4～5 代,福建、广东 5～6 代,以蛹在枝干及柑橘叶背等隐蔽处越冬。成虫喜爱访花,尤其喜欢马缨丹、龙船花、茉莉等植物。雌蝶在柑橘等植物的叶片上产卵,一次一枚,可产多枚,孵化期约 5～6 天。越冬蛹期 103～121 天。幼虫以桔梗、柑橘、双面刺、过山香、花椒、山椒等芸香科植物的叶为食。

52 蓝凤蝶 *Papilio protenor*(Cramer)

蓝凤蝶,别称黑凤蝶、无尾蓝凤蝶、黑扬羽蝶,属鳞翅目、凤蝶科、凤蝶属的一种蝴蝶。中国有 3 个亚种。

形态特征:翅展 95～120 mm,翅黑色,有靛蓝色天鹅绒光泽。雄蝶后翅正面前缘有黄白色斑纹,臀角有外围红环的黑斑。后翅反面外缘有几个弧形红斑,臀角具 3 个红斑。该种蝶类在南方分旱季型和湿季型,前者体型较小,后者体型较大。国内除台湾产少数有尾型外,其余多为无尾型。

地理分布:国外分布于印度、尼泊尔、不丹、缅甸、越南、朝鲜、日本。国内分布于长江以南及陕西、河南、山东、西藏等地。

物种评述:常活动于林间开阔地。幼虫寄主为芸香科的簕榄花椒、柑橘类等。成虫喜欢访花,雄蝶喜欢吸水,飞行较迅速,路线不规则。国内其生物学特性尚未见报道。

53 柑橘凤蝶 *Papilio xuthus*（Linnaeus，1767）

柑橘凤蝶，别名橘黑黄凤蝶、橘凤蝶、花椒凤蝶、黄凤蝶、桔凤蝶、黄菠萝凤蝶、黄聚凤蝶，属鳞翅目、凤蝶科、凤蝶属的一种蝴蝶，有4个亚种。

形态特征：翅展90～110 mm，体、翅的颜色随季节不同而变化。春型色淡呈黑褐色，夏型色深呈黑色，春型较夏型体形稍小。翅上的花纹黄绿色或黄白色，前翅中室基半部有放射状斑纹4～5条，端半部有2个横斑，外缘区有一列新月形斑纹，中后区有一列纵向斑纹。后翅基半部的斑纹都是顺脉纹排列，在亚外缘区有一列蓝色斑，臀角有一个环形或半环形红色斑纹。翅反面色稍淡，前、后翅亚外区斑纹明显，其余与正面相似。卵直径1.2～1.5 mm，初产时淡黄色，逐渐加深为黄褐色。幼虫虫体似鸟粪。蛹长29～32 mm，有褐点，体色常随环境而变化。

地理分布：国外分布于缅甸、韩国、日本、菲律宾等亚洲国家和地区。国内全国各地均有分布。

物种评述：一年发生3代，成虫期10～12天，成虫有访花习惯，经常在湿地吸水或花间采蜜。该种的蜜源植物主要有马利筋、八宝景天、猫薄荷、马樱丹、醉蝶花等。成虫产卵在寄主植物的幼株嫩芽嫩叶背面，每雌产卵量为30～200粒，卵单产、散产。幼虫5龄，孵化后幼虫即在芽叶上取食，被害状呈锯齿状，有时也取食主脉。白天伏于主脉上，夜间取食为害。初孵幼虫就近取食叶片，5龄进入暴食期。低龄幼虫偏向于取食幼嫩叶片，4龄、5龄则取食较老叶片。分散取食，无聚集行为。遇惊时从第1节前侧伸出臭丫腺，放出臭气，借以拒敌。幼虫期15～24天，蛹期9～15天，越冬蛹期140～156天。幼虫寄主植物包含黄檗属、柑橘属的植物，芸香科的枸橘、樗叶花椒、光叶花椒、吴茱萸。

54　丝带凤蝶 *Sericinus montelus*（Grey）

丝带凤蝶,别称白凤蝶、软尾蝶、马兜铃凤蝶、软尾亚凤蝶,为鳞翅目、凤蝶科、丝带凤蝶属的一种蝴蝶。全世界仅 1 种,中国有 3 个亚种。

形态特征:成虫翅展 42～70 mm,翅薄如纸,触角短,腹部有一条红线和黄白色斑纹。雌雄异色,雌蝶翅的颜色以黑色为主,间有黄白色、红色和蓝色的条纹分布。前翅中室分布着"W"形黄白色线纹,雄蝶翅的颜色以黄白色为主,也有黑色、红色和蓝色的条纹。共分为春、夏两型,春型雌、雄蝶均略小于夏型,体色比夏型略深,尾状突明显长于春型。卵宽 0.45 mm,高 1.1 mm,呈炮弹形。幼虫为毛虫式,体柔软呈细长圆筒形,具 13 体节。蛹为缢蛹,长 18.2～23.5 mm,高为 4.5～5.0 mm,初化蛹为翠绿色,后渐变为黄色,全蛹呈三角形。

地理分布:国外分布于朝鲜、日本、俄罗斯、韩国。国内分布于东北、华北、西北、华中、华东等地。

物种评述:在南京地区一年发生 2～3 代,以蛹在枯枝落叶中越冬,成虫 3 月下旬始见,幼虫共 5 龄,在室内饲养的条件下,卵期为 4～5 天,幼虫期为 12～15 天,蛹期约为 9 天,世代重叠严重。成虫飞翔轻缓,幼虫取食马兜铃。丝带凤蝶是我国非常珍贵的蝶种,在国内曾被列为 14 种珍贵蝴蝶种类之一,也是国际收藏家的首选蝶种。

55　冰清绢蝶 *Parnassius glacialis*（Butler,1866）

冰清绢蝶,别称黄毛白绢蝶、白绢蝶、薄羽白蝶,为鳞翅目、凤蝶科、绢蝶属的一种蝴蝶。

形态特征:成虫头、胸、腹、都是黑色。翅展 60～70 mm,翅白色,翅脉灰黑褐色,前翅中室内和中室端各有一个隐显的灰色横斑,亚外缘带与外缘带隐约可见,灰色。后翅内缘有一条纵的宽黑带。翅反面似正面。身体覆盖黄色毛。卵扁球形,直径约1.5 mm,白色。

地理分布:国外分布于日本、朝鲜。国内分布于东北、华中、华北、华东、西南等地。

物种评述:本种多分布在低海拔地区,飞翔缓慢。成虫一年1代,每年5月前后发生(我国南方北方略有不同)。蜜源植物是刺槐和蔷薇科植物蓬蘽。交配后,成虫将卵产于地面枯枝、枯叶、枯草或小石子上。以卵越冬,卵于次年2月孵化,寄主植物为延胡索(南方部分地区)、小药八旦子(北方部分地区)、全叶延胡索(东北部分地区)等,人工饲养下也食紫堇。4月中旬大龄幼虫结茧于枯叶下,在茧中化蛹。卵期约 280 天,幼虫期约50 天,蛹期约 12 天,成虫期约 30 天。冰清绢蝶是紫金山唯一一种绢蝶,冰清绢蝶是"三有"保护动物。除了在昆虫学研究中有特殊的研究价值,它还具有独特的外观形态,有较高的观赏价值。

56 橙翅襟粉蝶 *Anthocharis bambusarum*(Oberthür)

橙翅襟粉蝶,属鳞翅目、粉蝶科、襟粉蝶属的一种蝴蝶。

形态特征:成虫前翅端部圆,不形成顶角,脉端黑色,中室端有一个肾状形黑斑,雄蝶全翅面橙红色,雌蝶白色。后翅反面有淡绿色云状斑,从正面可透视。

地理分布:国内分布于江苏、浙江、河南、陕西等地。

物种评述:一年发生1代,每年3月下旬到4月下旬才能见到它们的成虫。一般幼虫取食十字花科的油菜、萝卜、荠菜等的花、叶和果实。

57 黄尖襟粉蝶 *Anthocharis scolymus*（Butler）

黄尖襟粉蝶,为鳞翅目、粉蝶科、襟粉蝶属的一种蝴蝶。

形态特征:成虫小型种类,翅展 30 mm 左右。前翅顶角镰状尖锐,有 3 个黑点排成三角形。雄蝶在三角形中有一个橙黄色斑(雌蝶无此斑),前翅端部红色。脉纹 12 条或 11 条,雌蝶后翅反面云斑状呈栗褐色,其端半部呈棕黄色。卵长而直立,上端较细,呈炮弹形,宽 0.5~0.6 mm,高 1.0~1.2 mm。1 龄幼虫体表淡黄色,2 龄幼虫体表橙黄色,3 龄幼虫体表淡绿色,4 龄幼虫体表绿色,5 龄幼虫体色为深绿色,体长达 21.1~27.5 mm,头部颜色浅,体色深。预蛹体表深绿色,体长为 16.1~21.0 mm。缢蛹长 18.2~27.5 mm,宽 4.5~5.0 mm,初化蛹深绿色,后枯枝色,全蛹呈狭长三角形。

地理分布:国外分布于日本、俄罗斯。国内分布于东北、西北、华中、华东地区。

物种评述:一年 1 代以蛹在寄主植物上越冬。成虫 3 月下旬始见,幼虫共 5 龄。在室内饲养的条件下,卵期为 4~5 天,幼虫期为 20~28 天,蛹期为 270~300 天。幼虫主要取食油菜、碎米荠等十字花科植物的花蕾、叶片。

58 斑缘豆粉蝶 *Colias erate*（Esper,1805）

斑缘豆粉蝶,又称黄纹粉蝶,为鳞翅目、粉蝶科、豆粉蝶属的一种蝴蝶。

形态特征:成虫具有多型现象,确定为黑缘型、普通型、橙色型、黄色型、淡色型 5 个型。翅展 45~55 mm。雄蝶翅黄色,前翅外缘有宽阔的黑色横带,中室端有 1 枚黑色的小圆斑。后翅

外缘的黑色纹多相连成列,中室端的圆斑点在正面为橙黄色,反面呈银白色,外围有褐色框。雌蝶有二型,一型翅面为淡黄绿色或淡白色(斑纹与雄蝶相同),容易与雄蝶区别;另一型翅面为黄色,与雄蝶完全相同。翅反面颜色较淡,亚端有一列暗色斑。卵纺锤形,上下端较细,直径 0.5 mm,高约 1.1 mm。初产时乳白色,之后变成乳黄色,孵化前为银灰色。初孵幼虫体长约 3 mm,头壳黑色,老龄幼虫体长约 30 mm,头壳为绿色。蛹长 20~22 mm,鸡胸形。

地理分布:国外分布于印度、日本、欧洲东部等地。国内分布于东北、华北、华中、华东、西北、西南地区。

物种评述:在吉林省一年发生 2 代,成虫一般产卵于寄主叶片表面,通常单产,偶有在一处产 2 粒者。初孵幼虫在叶片主脉处停留一段时间,然后开始啃食叶肉,残留叶背表皮而呈窗斑状。2 龄时将叶片食成孔洞,残留叶脉呈网状。3 龄后食量增加,将叶片食成大的缺刻或孔洞,严重时可将叶片全部吃光,仅残留叶柄。老熟幼虫在叶柄或侧枝下方化蛹。蛹为缢蛹。幼虫取食刺槐、百脉根、列当、三叶豆属、苜蓿属和大豆属等植物。

59 曲纹黛眼蝶 *Lethe chandica*(Moore)

曲纹黛眼蝶,为鳞翅目、眼蝶科、黛眼蝶属的一种蝴蝶。

形态特征:成虫展翅宽 55~60 mm,雄蝶翅膀表面黑褐色无斑纹,翅腹面颜色较浅,雌蝶前翅表面具白色斜带,翅腹面的斜带亦较雄蝶明显。翅顶角有 2 个小白斑。翅反面除具备正面斑纹外,前翅有多个眼状斑。后翅有淡色波曲的内线、中线、外线及缘线,亚缘有 6 个眼状纹。卵球形,直径 1.3 mm。蛹体长22~25 mm,刚成蛹时是绿色或黄褐色。

地理分布：国内分布于华东、华南、西南、台湾。

物种评述：生活于低中海拔山区，成虫喜欢在竹林下活动，常出现在林阴处。此蝶动作迅速灵敏，多出现在微暗的草木丛生处，到薄暮时分活动力依旧相当频繁。不访花，喜吸食树木、腐果汁液，有时亦于湿地吸水。成虫具有一定的趋光性。幼虫共5龄，寄主为禾本科的绿竹、桂竹、毛竹。

60　连纹黛眼蝶 *Lethe syrcis*（Hewitson，1863）

连纹黛眼蝶，为鳞翅目、眼蝶科、黛眼蝶属的一种蝴蝶。

形态特征：成虫翅展约 68 mm，翅褐黄色。前翅顶角无眼斑，近外缘有淡色宽带，后翅有4个圆形黑斑，围有暗黄色圈，前翅反面外缘、中部和近基部有3条黄褐色横带纹。后翅外缘波状，有6个黑色眼状斑，以 Cu_1、M_1 室两个最大，翅中部有"U"字形黄褐色条纹，外侧条纹中部向外呈尖角突出。

地理分布：国内分布于黑龙江、陕西、江西、河南、福建、四川、广西。

物种评述：在南京地区一年发生2代。成虫不访花，喜欢吸树汁。飞行路线多变，常活动于林缘。幼虫寄主为毛竹。

61　稻眉眼蝶 *Mycalesis gotama*（Moore，1857）

稻眉眼蝶，又称姬蛇目蝶、短角稻眼蝶、稻眼蝶、黄褐蛇目蝶，为鳞翅目、眼蝶科、眉眼蝶属的一种蝴蝶。

形态特征：成虫体长 15～17 mm，翅展 41～52 mm，翅面暗褐至黑褐色，背面灰黄色。前翅正反面第3、6室各具一大一小黑色蛇眼状圆斑，前小后大。后翅反面具2组各3个蛇眼圆斑。幼虫长了张类似凯蒂猫（Hello Kitty）的脸。蛹长 15～17 mm，初绿色，后变灰褐色。

地理分布:国外分布于日本。国内分布于华中、华东、华南、西南地区。

物种评述:浙江、福建年生 4～5 代,华南 5～6 代,世代重叠,以蛹或末龄幼虫在稻田、河边、沟边以及山间杂草上越冬。成虫喜在竹林、花丛间活动,交尾、取食花蜜补充营养,交尾后 2 天内开始产卵。每雌可产卵 96～166 粒,初孵幼虫先吃卵壳,后取食叶缘,3 龄后食量大增,严重时可以将稻叶吃光。6～7 月 1～2 代幼虫为害中稻,8～9 月 3～4 代为害晚稻较为严重,幼虫老熟后一般 1～3 天不食不动,再吐丝将尾端固定于叶背,倒挂卷曲化蛹。幼虫取食水稻、甘蔗、竹、麦等。

62 蒙链荫眼蝶 *Neope muirheadi*(Felder)

蒙链荫眼蝶,别名褐翅荫眼蝶、永泽黄斑荫眼蝶,为鳞翅目、眼蝶科、荫眼蝶属蝴蝶。

形态特征:成虫体长 19～25 mm,展翅 60～70 mm。翅面黑褐色,前后翅各有 4 个黑斑,雌蝶翅上大而明显,雄蝶翅上不显。翅反面,从前翅 1/3 处直到后翅臀角有一条棕色和白色并行的横带。前翅中室内有 4 条弯曲棕色条斑和 4 个链状的圆斑。亚外缘有 4 个眼状斑,M_2 室的斑小。后翅基部有 3 个小圆环,亚外缘有 7 个眼状斑,臀角处 2 个相连。卵近圆形,直径平均 1.28 mm,乳白色,孵化前顶部有黑点。初孵幼虫体长平均 3.46 mm,淡乳黄色,头硕大。2 龄幼虫体黄绿色,老熟幼虫呈砖红色。蛹有土黄色和褐色两类,呈不规则的鸭梨形,平均长 16.68 mm,宽 9.26 mm。

地理分布:国内分布于河南、陕西、湖北、四川、浙江、江苏、江西、福建、广东、云南、海南、台湾等地。

物种评述:一年 2 代,不同世代个体重叠的现象严重。成虫有补充营养习性,食物源包括臭椿等树木的花,桑树、构树、茅莓、蛇莓、草莓等的成熟果,垃圾堆上的果皮及人畜粪便等。成虫白天活动,多在林间近地面处单独飞行,动作极为敏捷。卵多产于竹株中上部叶片背面,呈块状,每块 10~20 粒。第 1 代卵期约 7 天,第 2 代 5~6 天。初孵幼虫有群集的习性,常 3~10 头聚集在一起,取食叶缘。3 龄后分散活动,常 2~3 头缀叶成苞,每虫苞一般由 3 枚叶片组成。随虫龄增大,幼虫有转苞危害的习性,每次转移后苞内幼虫数量逐渐减少,末龄时多一虫一苞。幼虫共 5 龄。幼虫寄主有毛竹、刚竹、红竹、淡竹等。

63 柳紫闪蛱蝶 *Apatura ilia*（Denis et Schiffermüller）

柳紫闪蛱蝶,别称柳闪蛱蝶、淡紫蛱蝶、紫蛱蝶,为鳞翅目、蛱蝶科、闪蛱蝶属蝴蝶。

形态特征:成虫翅展 59~64 mm。翅黑褐色,在阳光下能闪烁出强烈的紫光。前翅约有 10 个白斑,中室内有 4 个黑点,反面有 1 个黑色蓝瞳眼斑,围有棕色眶。后翅中央有 1 条白色横带,并有 1 个与前翅相似的小眼斑。反面白色带上端很宽,下端尖削成楔形带,中室端部尖出显著。卵绿色,呈香瓜形,高约 0.98 mm。幼虫绿色,头部有 1 对白色角状突起,端部分叉。蛹长 25~27 mm,宽 9~12 mm,初为翠绿色,后变粉绿色。

地理分布:国外分布于欧洲、朝鲜。国内分布于东北、西北、西南、华北、华中、华东地区。

物种评述:一年发生 3~4 代,以幼虫在树干缝隙内越冬,成虫喜欢吸食树汁或畜粪,飞行迅速。卵单产于叶片背部,刚孵化的幼虫啃食自己的卵壳,幼虫期较长,以高龄幼虫危害,严重时将叶片吃光,仅残有叶柄。蛹为垂蛹,蛹期 9~12 天。幼虫取

食杨柳科的植物,在紫金山有柳树的地方常能见到。

64 青豹蛱蝶 *Damora sagana*(Doubleday)

青豹蛱蝶,为鳞翅目、蛱蝶科、青豹蛱蝶属的蝴蝶。

形态特征:成虫雌雄异型。雄蝶翅橙黄色,前翅 Cu_1、Cu_2、2A 脉上各有 1 个黑色性标,前缘中室外侧有 1 个近三角形橙色无斑区,后翅中央"⟨"形黑纹外侧也有 1 条较宽的橙色无斑区。雌蝶翅青黑色,中室内外各有 1 个长方形大白斑,后翅沿外缘有 1 列三角形白斑,中部有 1 条白宽带。卵底径不到 1 mm,圆塔形,黄色。老龄虫长 46 mm,整体呈细长的圆柱状。蛹长 25 mm,宽 9 mm,先呈粉红色,后逐渐变色。

地理分布:国外分布于日本、朝鲜、蒙古、俄罗斯。国内分布于东北、西北、华中、华东地区。

物种评述:一年 3～4 代,成虫吸食花蜜,交尾时由橙红色的雄蝶携带着雌蝶飞翔。卵单产,孵化期 10 天,在紫金山幼虫都以堇菜科植物为食,心叶堇菜、紫花堇菜和紫花地丁并存的地方,只有心叶堇菜是青豹蛱蝶幼虫的常规食物。在紫金山心叶堇菜不但分布广,而且叶片在三者之中是最大的。以老熟幼虫越冬。

65 银白蛱蝶 *Helcyra subalba*(Poujade)

银白蛱蝶,为鳞翅目、蛱蝶科、白蛱蝶属的一种蝴蝶。

形态特征:蝴蝶体形中等,前翅可见 3～4 个白色小点,翅腹面银灰色。

地理分布:国内分布于江苏(南京紫金山、镇江宝华山)、河南、浙江、四川、广东、陕西、福建等地。

物种评述:该蝶多出现于中等海拔(750 m 左右)的山地丛

林间,在南京一年发生 2 代,以 4 龄或 5 龄幼虫越冬。在紫金山从 5 月上旬到 8 月上旬均可见到成虫,这种蝴蝶不访花,喜欢吸树汁,也经常可以看到它落在动物的粪便上吸食。它飞行较迅速,路线也较规则,常活动于林缘及林内树丛中。休息时,将 2 对翅膀树立合拢,露出银白色的反面。幼虫食性专一,以榆科的朴树、珊瑚朴、黑弹朴为寄主。作为中国特有蝶类之一,该蝶不仅具有较高的观赏价值,而且可作为环境检测指示昆虫,具有一定的环保价值。

66　傲白蛱蝶 *Helcyra superba*(Leech)

傲白蛱蝶,为鳞翅目、蛱蝶科、白蛱蝶属的一种蝴蝶。

形态特征:成虫翅展 69～75 mm,傲白蛱蝶以其黑白分明的双翅在蛱蝶科中独树一帜,是比较独特而美丽的蝶种。卵表面散布有一些黑斑。幼虫从 2 龄开始,头上长出像鹿角一样的长角。幼虫体色分为绿色型和褐色型。蛹翠绿而侧扁,腹部的第一节背面有突出的角。

地理分布:国内分布于陕西、江苏、浙江、四川、福建、江西。

物种评述:一年 2 代,成虫飞行迅速,喜欢活动于密林当中,并且以大树干上流出的发酵的树汁为食。成虫自 5～10 月均可见其活动,以 6、7 月的数量最多。幼虫取食榆科朴属的珊瑚朴,一般幼虫为 5 龄。蛹为悬蛹,常悬挂在朴树的叶子背面或翠绿的幼嫩枝条上,就像一片被虫子啃食过的叶子,以保护自己不受天敌伤害。

67　黑脉蛱蝶 *Hestina assimilis*(Linnaeus)

黑脉蛱蝶,为鳞翅目、蛱蝶科、脉蛱蝶属的一种蝴蝶。

形态特征:成虫翅展 70～93 mm。翅正面淡黄绿色,脉纹

黑色,前翅有多条横黑纹,后翅亚外缘后半部有 4～5 个红色斑,斑内有黑点。前足退化。卵近球形,卵径 1.21～1.30 mm,高 1.36～1.44 mm。初产卵淡绿色,后变为深绿色。1 龄幼虫体色淡黄绿色,密布白色细长棘毛。2 龄幼虫体色嫩绿色,密布白色棘毛。3 龄幼虫身体明显增粗,体色绿色,白色棘毛变短。4 龄幼虫阶段开始出现越冬幼虫,体色绿色,身体纺锤形。5 龄幼虫体色深绿色,身体纺锤形。蛹长约 26 mm,宽约 15 mm,透明绿色,左右扁平,腹面宽厚。

地理分布:国外分布于朝鲜、日本。国内分布于东北、西南、华北、华中、华东、华南、西北部分区域。

物种评述:一年 3 代,成虫羽化后白天活动。雄成虫飞翔能力强,飞行较高,其飞行活动主要受到寻找雌成虫交尾和访花补充营养的影响。雌成虫飞行能力较差,飞行较低,其飞行活动主要受到寻找寄主植物和访花补充营养的影响。成虫主要以吸吮树木分泌的汁液、粪便等腐殖质的稀释液为食。

幼虫孵化时先在精孔下方咬破卵壳后爬出,随即吃掉卵壳。1 龄末期,幼虫会静止不动约 1 天,然后先蜕皮再蜕头壳。5 龄幼虫在预蛹前会停食 2 天,然后向养虫笼的高处爬,先于固定物体上吐丝成垫,然后将尾部与丝垫粘结,幼虫身体呈纺锤状进入预蛹期,头向下悬挂,完成最后一次蜕皮化蛹。幼虫主要取食朴树等榆科朴属植物。在紫金山黑脉蛱蝶一直是优势种类,但从未对森林造成大的危害,一直处于"有虫无害"的状态。

68 翠蓝眼蛱蝶 *Junonia orithya*(Linnaeus)

翠蓝眼蛱蝶,别称青眼蛱蝶、孔雀青蛱蝶,为鳞翅目、蛱蝶科、眼蛱蝶属的一种蝴蝶。

形态特征:翅展 50～60 mm。雄蝶前翅面基半部深蓝色,有黑绒光泽,中室内有 2 条不明显橙色棒带,2 室眼纹不明显;后翅除后缘为褐色外,大部分呈宝蓝色光泽。雌蝶深褐色,前翅中室内二橙色棒带和 2 室的眼纹明显,后翅大部为深褐色。眼状斑比雄蝶大而醒目。本种季节型明显。秋型前翅反面色深,后翅多为深灰褐色,斑纹模糊。夏型灰褐色,前翅黑色眼纹明显,后翅眼纹不明显,红褐色波状斑驳分布其间。冬型颜色较深暗,所有斑纹皆不明显。

地理分布:国外分布于日本、印度以及东南亚国家。国内分布于西南、华中、华东、华南、香港、台湾。

物种评述:此蝶多见于低山地带的路旁及荒芜的草地。幼虫以水蓑衣属、金鱼草等植物为食,也有记录取食马鞭草。

69　琉璃蛱蝶 *Kaniska canace*（Linnaeus,1763）

琉璃蛱蝶,为鳞翅目、蛱蝶科、琉璃蛱蝶属的一种蝴蝶,全世界记载的只有一种。

形态特征:成虫为中型蛱蝶,展翅宽 55～70 mm。翅膀表面深蓝黑色,亚顶端有 1 个白斑;具一条淡水蓝色带状斑纹,贯穿上、下翅,在前翅呈"Y"状;翅膀腹面斑纹杂乱,以黑褐色为主,下翅中央有 1 枚小白点。雌雄差异不明显。卵具黄色纵纹。幼虫灰黑色,体表散生淡黄色枝刺,枝刺基部附近为橙色。老熟幼虫全身密布棘刺,还有鲜艳的花色斑纹。蛹暗褐色,各节有橙色的棘状突起,端部呈牛角状,样子像垂挂卷曲的枯叶。

地理分布:国外分布于日本、朝鲜、阿富汗、印度及东南亚国家。国内广泛分布。

物种评述:一年发生 2～3 代,成虫飞行迅速,雄蝶有领域性,喜访花及吸食树液、动物粪便。幼虫摄食菝葜科的各种菝葜、金刚藤、杜鹃、百合科(百合)植物。

70 黄钩蛱蝶 *Polygonia c-aureum*（Linnaeus）

黄钩蛱蝶,也称黄蛱蝶、金钩角蛱蝶,是鳞翅目、蛱蝶科、钩蛱蝶属中的一种蝴蝶。

形态特征:成虫体长 18 mm,翅展 45～61 mm,为中型蝶类。翅缘凹凸分明,前翅二脉和后翅四脉末端突出部分尖锐(秋型更加明显);前翅前缘暗色,外缘有黑褐色波状带,前翅中室内有黑褐色斑。后翅基半部有几个黑褐斑作歪形排列,其中外侧 1～3 个斑内有一些青色鳞。夏型翅面黄褐色,秋型翅面红褐色。翅反面后翅中央有银白色"L"形纹十分醒目。卵瓜形,绿色,直径约 0.75 mm。老熟幼虫体长 35 mm 左右,头、足漆黑色,有光泽。体暗褐色,各节有乳白色细横纹十分明显。蛹长约 20 mm,土褐色,顶部有二尖突。

地理分布:国外分布于朝鲜、蒙古、日本、越南、俄罗斯。国内广布(除西藏)。

物种评述:在紫金山一年发生 5 代为主,部分 6 代,少数 7 代,世代重叠,以未交配成虫在寄主及附近杂草丛中过冬,遇晴暖天气仍见外出飞翔。次年 2 月底至 3 月初越冬成虫开始活动,最后一代一般在 11 月中旬羽化,然后陆续越冬。成虫常在低矮植物丛中飞舞,初孵幼虫有啃食卵壳现象,但一般不吃光,仍残留一些,底部卵壳黏附在寄主体上。幼虫食性,据报道有大麻科的草、大麻,亚麻科的亚麻,芸香科的柑橘属,蔷薇科的榆属、梨属等。

71 二尾蛱蝶 *Polyura narcaea*（Hewitson,1854）

二尾蛱蝶,又称弓箭蝶,为鳞翅目、蛱蝶科、尾蛱蝶属的一种蝴蝶。《中国蝶类志》记载有 2 个亚种(指名亚种及台湾亚种),有研究记载国内有 5 个亚种:指名亚种 *Polyura narcaea*

narcaea（Hewitson，1854），滇西亚种 *Polyura narcaea menedemus*（Oberthur，1891），台湾亚种 *Polyura narcaea meghaduta*（Fruhstorfer，1908），西藏亚种 *Polyura narcaea aborica*（Evans，1924），云南亚种 *Polyura narcaea thawgawa*（Tytler，1940）。紫金山的二尾蛱蝶为指名亚种。

形态特征:成虫体长 25 mm,翅展约 70 mm。翅淡绿色,前后翅外缘有黑色宽带,前翅黑带中有淡绿色斑列,后翅黑带间为淡绿色带。后翅两尾呈剪形突出,黑褐色,二尾蛱蝶前后翅斑纹酷似我国古代军事上常用的弓箭图形。卵圆形,横径 1.5 mm,淡绿色。老熟幼虫体长 40 mm,外号"小青龙",从卵钻出来就已经有 4 只角了,但中间的一对明显较长。而进入 2 龄后与外侧角的大小比例便缩小了。头部也从黑褐色渐渐转为绿色。尾须也渐渐变短。蛹长 18～22 mm,为悬蛹,外形就好像一个挂在枝条上的果实。

地理分布:分布于华中、西南、华南地区,南京、北京、台湾也有分布。

物种评述:一年 2 代。分布的海拔高度为 200～1 000 m,多活动于林间的开阔地及山谷间。雄成虫特别喜欢吸食动物的粪便,成蝶不仅飞行迅速,而且喜欢在树尖上飞行。成虫产卵于叶面,散产。初孵幼虫取食时从叶缘起,食去叶肉留下叶脉和下表皮。2 龄幼虫能一次食完 1 片叶片,3、4 龄幼虫一次可食 4～5 片叶。幼虫老熟后爬到小枝上,头倒悬,腹末固定于枝上化蛹。幼虫取食山合欢、额垂豆、黑点樱桃、山黄麻。二尾蛱蝶为我国较珍稀种类。

72 猫蛱蝶 *Timelaea maculata*（Bremer et Gray）

猫蛱蝶,为鳞翅目、蛱蝶科、猫蛱蝶属的一种蝴蝶。

形态特征:成虫翅展 44～51 mm,翅橘黄色,密布黑色斑纹。卵球形,直径约 1 mm,精孔圆形位于顶部。幼虫为毛虫式,身体大致呈圆柱形,较柔软,共 12 节,每一体节两侧均有一气孔。蛹为悬蛹,长 15.7 mm,高 9.1 mm,表面光滑,呈黄绿色,体背形成刀状突起,具 5 个黑色臀棘。

地理分布:为我国特有蝶种,主要分布于我国的江苏、河南、浙江、陕西、江西及台湾等地。

物种评述:在紫金山该蝶一年发生 3 代,以 3 龄幼虫越冬,第 1 代成虫出现在 7 月到 8 月中旬,第 2 代成虫于 9 月下旬到 10 月上旬出现,越冬代翌年 5 月下旬羽化。猫蛱蝶为昼出性昆虫,白天活动。飞翔缓慢轻柔。在天气晴朗、温度适宜之时,活动频繁,当阳光被遮时,立即停止活动。成虫以虹吸式口器吸食花蜜或汁液,主要访花蜜源植物有野蔷薇、茅莓、山莓、天葵、泽兰、山胡椒、乌桕等。幼虫取食朴树等榆科朴属植物。

73　朴喙蝶 *Libythea celtis*(Laicharting)

朴喙蝶为鳞翅目、喙蝶科、喙蝶属的一种蝴蝶。朴喙蝶在我国有 2 个亚种,分别是朴喙蝶大陆亚种(*Libythea celtis chinensis*)和朴喙蝶台湾亚种(*Libythea celtis formosana*)。

形态特征:成虫下唇须很长,呈喙状,是本科的特征。翅展 42～49 mm,翅面茶褐色,顶角突出成钩状,近顶角有 3 个小白斑;后翅外缘锯齿状,中部有一橙褐色斑。卵长椭圆形,精孔部突出,卵面有纵脊。幼虫和粉蝶科的幼虫相似,但中后胸稍大些。蛹为悬蛹,圆锥形,光滑无突起。

地理分布:国外分布于日本、朝鲜、印度、缅甸、泰国、斯里兰卡及欧洲。国内分布于华北、东北、华中、华东地区。

物种评述:在紫金山朴喙蝶一年发生 2 代,能以成虫越冬,

5月中旬至5月下旬为化蛹盛期,蛹期5～13天,5月下旬为羽化盛期。朴喙蝶寿命很长,终年可见,常以成虫越冬。在紫金山5～7月羽化的成虫能存活到第二年的3月朴树发芽,近10个月,所以它也有"长寿蝶"的称谓。它们喜聚于林边或沿溪流边的道路及路边湿地处吸水,常在突出的枯树枝、芒草叶尖等处停息,反应灵敏不易靠近。成虫吸食榆科、壳斗科植物汁液,亦吸食小动物尸体液汁或动物的排泄物。幼虫以榆科的朴属的黑弹朴、大叶朴嫩叶为食。

74 丫灰蝶 *Amblopala avidiena*（Hewitson，1877）

丫灰蝶,别称尖灰蝶、歪纹小灰蝶、叉纹小灰蝶、"Y"纹赭灰蝶,属鳞翅目、灰蝶科、丫灰蝶属的一种蝴蝶。共有3个亚种:*Amblopala avidiena avidiena*（Hewitson，1877）（模式种,中国）,*Amblopala avidiena nepalica*（Eliot，1987）（尼泊尔）,*Amblopala avidiena y-fasciata*（Sonan，1929）（台湾）。

形态特征:成虫翅形特异,前翅顶角尖,外缘近"S"形,后翅前缘末端的棱角分明,臀角部突出如尾突。翅黑褐色,前翅中室及下方为蓝色,中室端外 m_2,m_3 和 cu_1 室有橙色斑。翅反面灰褐色,后翅中央有灰白色"丫"形宽带,是本种独有的特征。

地理分布:国外分布于印度。国内分布于河南、陕西、江苏、浙江、福建、台湾。

物种评述:一年1代,在紫金山成虫3下旬至5月上旬可见。幼虫以豆科合欢为食。

75 红灰蝶 *Lycaena phlaeas*（Linnaeus）

红灰蝶,别称铜灰蝶、黑斑红小灰蝶,属鳞翅目、灰蝶科、灰蝶属的一种蝴蝶。

形态特征:成虫翅展 35 mm,前翅橙红色,中室中部和端部各有黑色斑,后翅黑褐色。

地理分布:国外分布于欧洲、美洲及非洲、朝鲜、日本等。国内分布于东北、华北、华中、华东、西北等。

物种评述:成虫喜访花。幼虫取食酸模、羊蹄、何首乌、蓼科植物(酸模属)等。

76 小黄斑弄蝶 *Ampittia nana*(Leech,1890)

小黄斑弄蝶,别称小黄星弄蝶,为鳞翅目、弄蝶科、黄斑弄蝶属的一种蝴蝶。

形态特征:成虫翅展约 21 mm,黑褐色。前翅 m_1 室与 m_2 室有黄色斑,R_1 脉分出处比 cu_2 脉更接近基部。斑纹淡黄色。前翅有橙黄长楔形斑 7~8 个,后翅有 3 个,雌蝶翅上的黄色斑较雄蝶小。幼虫淡褐色,长成后具粉红色条纹。

地理分布:国内分布于江苏、浙江、福建、湖北、湖南、四川。

物种评述:在绩溪和休宁等地一年发生 3 代,以幼虫在朝阳背风的小山坡和田埂黄茅草上越冬,于第二年 3 月上旬有离苞取食和转苞现象,4 月取食量明显增加,4 月中旬开始化蛹,蛹期约 1 个月,5 月中下旬羽化。第一代幼虫绝大多数在黄茅草上为害,第二代成虫开始迁入稻田产卵,与当地第三代直纹稻苞虫混在一起为害,同时仍有部分虫口在原来的越冬寄主植物上繁殖为害。此虫虽然局部发生为害,但以向阳小山坡边的田块发生较为普遍。成虫常见于阳光下活动,习性敏捷,很少安静地停下来休息。

77　星天牛 *Anoplophora chinensis*（Forster）

星天牛,别称橘星天牛、牛头夜叉、花牯牛、花夹子虫,为鞘翅目、天牛科、星天牛属的一种昆虫。

形态特征:雌成虫体长 36～45 mm,宽 11～14 mm,触角超出身体 1、2 节;雄成虫体长 28～37 mm,宽 8～12 mm,触角超出身体 4、5 节。体黑色,具金属光泽。头部和身体腹面被银白色和部分蓝灰色细毛,但不形成斑纹。前胸背板中溜明显,两侧具尖锐粗大的侧刺突。鞘翅基部密布黑色小颗粒,每鞘翅具大小白斑 15～20 个,排成五横行。卵长椭圆形,一端稍大,长 4.5～6 mm,宽 2.1～2.5 mm。老熟幼虫呈长圆筒形,略扁,体长 40～70 mm,前胸宽 11.5～12.5 mm,乳白色至淡黄色。蛹纺锤形,长 30～38 mm,初化蛹淡黄色,羽化前变为黄褐色至黑色。

地理分布:国外分布于日本、朝鲜、缅甸。国内分布于东北、华北、华中、华东、华南、西北、西南地区。

物种评述:该虫一年发生 1 代,以幼虫在被害寄主木质部越冬,3 月中下旬开始活动取食,4 月下旬化蛹,5 月下旬羽化,6 月上旬幼虫孵化危害至 10 月下旬越冬。成虫啃食嫩枝梢的皮层补充营养,雌雄成虫均有多次交尾现象,每雌产卵 25～40 粒,最多可达 75 粒,卵期 7～10 天。成虫寿命为 40～55 天,飞翔距离达 40～50 m。幼虫期长达 10 个月,虫道长 20～60 cm,宽 0.5～2.0 cm,幼虫喜在地面 20 cm 的主干上,所以常造成植株枯死。预蛹期 5～7 天,蛹期 15～25 天。幼虫蛀食木麻黄、杨柳、榆、刺槐、核桃、梧桐、悬铃木、树豆、柑橘、苹果、梨、无花果、樱桃、枇杷、白杨等 46 种植物。

78　栋星天牛　*Anoplophora horsfieldi*（Hope，1842）

栋星天牛，为鞘翅目、天牛科的一种昆虫。

形态特征：体形较大的天牛。成虫体长 25～40 mm，宽 12～16 mm。底色漆黑、光亮，周身满布大型黄色绒毛斑块，深浅不一，颇似敷粉。头部有 6 个斑点，前胸背板具 2 条平行纵斑。小盾片有时具圆斑。鞘翅具 4 行大型黄斑。触角黑色，通常第 3～10 节每节黑、白色各半，雄虫触角长度超过体长的 3/4。足黑色，被有稀疏的灰色细绒毛。跗节绒毛较密，呈灰白色。前胸背板侧刺突粗壮。鞘翅宽于前胸，翅端圆形，翅面光亮。

地理分布：国外分布于越南、印度。国内分布于华东、华中、西南、华南、台湾地区。

物种评述：成虫 6～9 月出现，常出没于阔叶林中。幼虫蛀食栋树树干为害，常形成弯曲深长的蛀道，深入木质部。成虫可以发声，一般有两种不同的发声方式：① 胸部摩擦发声；② 鞘翅振动发声。胸部摩擦发声可连续进行。栋星天牛是中国产天牛中最美丽的天牛之一。

79　松褐天牛　*Monochamus alternatus*（Hope）

松褐天牛，也称松墨天牛、松天牛，为昆虫纲、鞘翅目、天牛科、墨天牛属的一种昆虫。

形态特征：成虫体长 15～28 mm，体宽 4.5～9 mm，橙黄色至赤褐色。触角栗色，雄虫触角比雌虫的长。前胸背板 2 条较宽的橙黄色纵纹与 3 条黑色绒纹相间。小盾片密被橙黄色绒毛。每个鞘翅上有 5 条纵纹，由方形或长方形黑色及灰白色绒毛斑点相间组成。卵长约 4 mm，乳白色，略呈镰刀形。幼虫乳白色、扁圆筒形，老熟时体长可达 43 mm。头部黑褐色，前胸背板褐色，中央有波状横纹。蛹乳白色，圆筒形，体长 20～

26 mm。

地理分布:国外分布于日本、越南、老挝、朝鲜、韩国。国内分布于北京、河北、河南、陕西、山东、江苏、浙江、上海、江西,湖南、广东、广西、福建、台湾、四川、贵州、云南、西藏。

物种评述:在紫金山一年发生 1 代。以老熟幼虫在木质部坑道中越冬。次年 3 月下旬,越冬幼虫开始在虫道末端蛹室中化蛹。于 5 月下旬至 6 月上旬羽化。羽化成虫需补充营养,昼夜均可飞翔,喜欢在幼嫩枝条或针叶上取食。通常羽化后 20 天左右即开始产卵,幼虫在树内取食,蛀成宽阔而不规则的扁平坑道,至晚秋,幼虫在木质部坑道内越冬,来年春再开始活动。幼虫主要危害马尾松,其次危害黑松、雪松、落叶松、油松、华山松、云南松、思茅松、冷杉、云杉、桧、栎、鸡眼藤,以及苹果、花红等生长衰弱的树木或新伐倒木。

80　茄二十八星瓢虫

Henosepilachna vigintioctopunctata（Fabricius）

茄二十八星瓢虫,别名酸浆瓢虫,俗称花大姐、花媳妇,属鞘翅目、瓢虫科的一种昆虫。

形态特征:成虫体长 6 mm,半球形,黄褐色,体表密生黄色细毛。前胸背板上有 6 个黑点,中间的两个常连成一个横斑。每个鞘翅上有 14 个黑斑,其中第二列 4 个黑斑呈一直线。卵长约 1.22 mm,弹头形,淡黄至褐色,卵粒排列较紧密。末龄幼虫体长约 7 mm,初龄淡黄色,后变白色,体表多枝刺,其基部有黑褐色环纹,枝刺白色。蛹长 5.5 mm,椭圆形,背面有黑色斑纹,尾端包着末龄幼虫的蜕皮。

地理分布:全国基本有分布。

物种评述:在华北一年发生 1～2 代,在广东年发生 5 代。

卵期 5～6 天,幼虫期 15～25 天,蛹期 4～15 天,成虫寿命 25～
60 天。成虫白天活动,有假死性和自残性。雌成虫将卵块产于
叶背,初孵幼虫群集为害,稍大分散为害。老熟幼虫在原处或枯
叶中化蛹。成虫和幼虫食叶肉,残留上表皮呈网状,严重时全叶
食尽,此外尚食瓜果表面,受害部位变硬,带有苦味,影响产量和
质量。成幼虫取食马铃薯、茄子、番茄、青椒等茄科蔬菜及黄瓜、
冬瓜、丝瓜等葫芦科蔬菜,还为害龙葵、酸浆、曼陀罗、烟草等。

81 黄粉鹿花金龟 *Dicronocephalus wallichii*（Keychain）

黄粉鹿花金龟,为鞘翅目、花金龟科的一种昆虫。

形态特征:体长 19～25 mm,宽 10～13 mm。体被黄绿色
粉层,其雄虫有一对像鹿角一样的唇基,雌虫唇基像缩小版的锅
铲。雄虫前胸背板中央有 2 条叉状栗色肋纹。鞘翅近长方形,
肩部最宽,两侧向后渐收狭,缝角不突出。

地理分布:国内分布于辽宁、河南、山东、江苏、江西、广东、
重庆、四川、贵州、云南。

物种评述:成虫 6～8 月出现,主要在白天活动,属于访花甲
虫,食物来源为果树、林木、农作物的花,其次是有伤的或成熟的
果实。幼虫生活于堆肥或地里。

82 绿缘扁角叶甲 *Platycorynus parryi*（Baly）

绿缘扁角叶甲为鞘翅目、肖叶甲科的一种昆虫。

形态特征:成虫体长 7～10 mm,体宽 4～5.1 mm。体色十
分鲜艳,具强烈金属光泽。体背紫金色,前胸背板侧缘,鞘翅侧
缘和中缝两侧绿色或蓝绿色,体腹面常具金属蓝、绿、紫三色。

地理分布:国内分布于江苏、浙江、湖北、江西、福建、四川、
贵州、广西等地。

物种评述:在南昌一年1代,以老熟幼虫入土越冬。越冬幼虫4月中旬至5月下旬为化蛹期,4月下旬至6月初为羽化期。成虫羽化3～4天后开始交配,一生可进行多次交配。成虫有群集取食的现象。成虫具假死性,稍惊动即落地面,1～2分钟后又开始活动。5月中旬至7月下旬为产卵期,每雌产卵量为169粒。第一代幼虫6月初至7月底开始孵化,幼虫孵化后即入土,取食土壤中的植物根系。老熟幼虫为乳白色,在3～5 cm深的土层做土室越冬。

83　双叉犀金龟 *Allomyrina dichotoma*（Linnaeus）

双叉犀金龟,又称"独角仙",其幼虫就是蛴螬,又有"鸡母虫"之称,为鞘翅目、金龟子科、叉犀金龟属的一种昆虫。

形态特征:成虫体长35～60 mm,体宽18～38 mm,呈长椭圆形,脊面十分隆拱。体栗褐到深棕褐色,头部较小,触角有10节。雌雄异型。雄虫头顶生一末端双分叉的角突,前胸背板中央生一末端分叉的角突,背面比较滑亮。雌虫体形略小,头胸上均无角突。卵刚产下为白色,随后变成浅黄色,最后膨胀到球形才会慢慢地孵化。幼虫一般为"C"形卷曲,腹部有9对气孔,非常发达。

地理分布:国外分布于朝鲜、日本。国内分布于东北、华北、华中、华东、华南、西南、台湾地区。

物种评述:一年1代,成虫通常在每年6～8月出现,多为夜出昼伏,有一定趋光性,主要以树木伤口处的汁液,或熟透的水果为食,对作物、林木基本不造成危害。野外成虫的寿命为1个月左右,人工饲养的成虫为两三个月。卵经7～10天后孵化为幼虫,幼虫以朽木、腐殖土、发酵木屑、腐烂植物为食,多栖居于树木的朽心、锯末木屑堆、肥料堆和垃圾堆,乃至草房的屋顶间。

幼虫期共蜕皮 2 次,历 3 龄,整个幼虫期约 8 个月。老熟幼虫在土中化蛹,化蛹前会将体内粪便排空,用粪便做蛹室。蛹羽化为成虫约 3 周。本种是紫金山较为常见的国家二级保护动物。

84 巨锯锹甲 *Dorcus titanus*（Boisduval）

巨锯锹甲属于鞘翅目、锹甲科的昆虫。

形态特征:巨锯锹甲属于大型甲虫,雄雌异形显著。雄虫 36～111 mm,体扁,所以又叫扁锹,体表光泽中等,几乎不被毛,头阔大长方形,宽为长之数倍,唇基阔大似"凹"字形。雌虫 25～40 mm,体长卵圆形,头大,面粗皱,额前部有一对不显疣突。

地理分布:国外分布于朝鲜、日本、印度、越南、缅甸。国内分布于东北、华北、华中、华东、华南、西南、台湾地区。

物种评述:成虫取食水果、树汁等,善于爬行,多夜出活动,有趋光性。寄主为榆、核桃等。幼虫蛴螬形,一般生活在朽木或腐殖质中。

85 朱肩丽叩甲 *Campsosternus gemma*（Candeze）

朱肩丽叩甲为鞘翅目、叩甲科、丽叩甲属的一种昆虫。

形态特征:体长 36 mm,体金属绿色,带铜色光泽,前胸背板两侧(后角除外)、前胸侧板、腹部两侧及最后两节间膜红色,上颚、口须、触角、跗节黑色。头顶凹陷,触角不到达前胸基部。前胸背板宽大于长,表面具细刻点,后角宽,端部下弯。鞘翅侧缘上卷,表面具细刻点及弱条痕。

地理分布:国内分布于华东、华中、西南、台湾地区。

物种评述:成虫发生期 6～8 月,常见于林区苦楝、木梨等植物上,有趋光性。该物种被列入《国家保护的有益的或者有重要经济、科学研究价值的陆生野生动物名录》。

86　辽宁皮竹节虫 *Phraortes liaoningensis*（Chen&He）

辽宁皮竹节虫为竹节虫目、笛竹节虫科、皮竹节虫属的一种昆虫。

形态特征：雌雄异型。雄虫体长约 58 mm，细长，黄褐色。雌虫体长约 84 mm，较雄虫为粗，黄绿色。

地理分布：国内分布于辽宁、山东、内蒙古、山西、河北、河南、江苏、浙江、江西。

物种评述：在紫金山，幼虫 4 月中下旬出现，8 月上旬结束。开始取食糙叶树以后扩展到朴树、白背叶野桐、构树、麻栎、盐肤木、青桐、小叶女贞、刺楸等树种。为不完全变态的昆虫，刚孵出的幼虫和成虫很相似。它们常在夜间爬到树上，经过几次蜕皮后，逐渐长大为成虫。成虫寿命约 2 个月。国内生物学特性空白。

（二）甲壳动物

甲壳动物 Crustacean 是节肢动物门中的一个亚门，其体表都有一层几丁质外壳，称为甲壳。甲壳动物大多数生活在海洋里，少数栖息在淡水中和陆地上。虾、蟹等甲壳动物有 5 对足，其中 4 对用来爬行和游泳，还有一对螯足用来御敌和捕食。甲壳动物包括虾类、蟹类、钩虾、栉虾及鳃足纲、介形纲动物等。世界上的甲壳动物的种类很多，有 3.5 万种之多。虾类约 1 600 种，蟹类 6 000 多种。大部分虾类的经济价值都很高，而蟹类的数目虽比虾类要多，但只有少数的种类有经济价值。有些甲壳动物还是鱼类等经济动物的饵料。在甲壳动物中，也有一些种类是有害的，如藤壶等。

1 溪蟹 *Potamidae*

溪蟹,别称石蟹、水蟹、山螃蟹,为节肢动物门、软甲纲、十足目、溪蟹科的一类甲壳动物。包括伪束腹蟹总科、束腹蟹总科和溪蟹总科。常见的有中华束腹蟹、毛足溪蟹、锯齿华溪蟹等。

形态特征:头胸甲略呈方圆形,长约 10～40 mm,宽 15～50 mm。头胸甲隆起,表面密布绒毛,前侧齿基部附近的头胸甲表面具颗粒;头胸甲后部有长短不等的颗粒隆脊;额具六齿,前侧缘具六齿,后缘与后侧缘均具颗粒隆脊。螯脚粗壮,不等称,腕节和掌节表面具扁平颗粒;掌节背面具五棘,内外侧面的颗粒排成纵列。头胸甲棕色布有红色斑驳,螯脚大致为鲜红色。

地理分布:国外主要分布于热带地区,并扩展至亚热带和温带边缘区。古北区、东洋区和大洋洲区的淡水蟹类有 200 多种和亚种。国内除新疆、青海、内蒙古和东北外,几乎都有分布,估计有 100 余种。

物种评述：大部在山溪石下或溪岸两旁的水草丛和泥沙间，有些也穴居于河、湖、沟渠岸边的洞穴里。它们并不长久埋浸在水里，而是在水边或潮湿处营半陆栖生活。杂食性，但偏喜肉食，主要以鱼、虾、昆虫、螺类以及死烂腐臭的动物尸体为食。有时也吞食同类，特别是刚脱壳的软壳蟹。溪蟹繁殖季节在4～9月，因地区而异。雌、雄在硬壳时即可进行交配，体内受精。由于适应半陆栖生活，溪蟹类所排出的受精卵的卵壳较厚。母蟹一次产卵量为50～300粒，卵粒牢固地附着在腹肢内肢的刚毛上。孵化出的幼体外形基本上与成体相似，它们壳薄而体弱，不能独立生活，而是攀附在母体的腹肢上，不经任何变态，2～3周后开始独立生活。

2 克氏原螯虾 *Procambarus clarkii*（Girard，1852）

克氏原螯虾，别称小龙虾、红螯虾、淡水小龙虾、红色沼泽螯虾。为软甲纲、十足目、螯虾科、原螯虾属的一种节肢动物。

形态特征：成虾体长7～13 cm，体形粗壮，甲壳呈深红色。虾体分头胸和腹两部分，头部有5对附肢，其中2对触角较发达，胸部有8对附肢，后5对为步足，前3对步足均有螯，第1对特别发达，与蟹的螯相似，尤以雄虾更为突出。腹部较短，有6对附肢，前5对为游泳肢，不发达，末对为尾肢，与尾节合成尾扇，尾扇发达。同龄的雌虾比雄虾个体大。雄虾的第2腹足内侧有1对细棒状带刺的雄性附肢，雌虾无。

地理分布：国外分布于美国南部、墨西哥北部、日本。国内分部广泛。

物种评述：栖息于溪流、沼泽、沟渠、池塘等水草、树枝、石隙等隐蔽物中。也可生活在环境很恶劣的臭水沟、沼泽等地。小龙虾适应性极广，具有较广的适宜生长温度，在水温为 10～30℃时均可正常生长发育。亦能耐高温、严寒，可耐受 40℃以上的高温，也可在气温为 −14℃以下的情况下安然越冬。一般蜕壳 11 次即可达到性成熟，性成熟个体可以继续蜕皮生长。其寿命不长，约为 1 年。但在食物缺乏、温度较低和比较干旱的情况下，寿命最多可达 2～3 年。小龙虾属于杂食动物，在饮食习性上，小龙虾在河底比较喜欢吃泥，并且喜欢吃已经死亡的小鱼或者其他水中生物。主要吃植物类，小鱼、小虾、浮游生物、底栖生物、藻类都可以作为它的食物，喜吃腐烂的水生动物的残骸。

3 日本沼虾 *Macrobranchium nipponense*

日本沼虾，别称河虾、青虾。为软甲纲、十足目、长臂虾科、沼虾属的一种节肢动物。

形态特征：体形细长，长 40～80 mm，体色青蓝并有棕绿色斑纹。整个身体由头胸部和腹部两部分构成。头胸部各节接合，由胸甲或背甲覆盖背方和两侧，头胸部粗大，后部逐渐细且狭小，额角位于头胸部前段中央，上缘平直，末端尖锐，背甲前端有剑状突起，上缘有 11～15 个齿，下缘有 2～4 个齿，体表有坚硬的外壳,整体由 20 个体节组成,头部 5 节,胸部 8 节,腹部 7 节,有步足5 对,其 2 对呈钳形,后 3 对呈爪状,第 6 腹节的附肢演化为强大的尾扇,起着维持虾体平衡,升降及后退的作用。

地理分布:全国各地都有分布。

物种评述:为我国重要的淡水食用虾,栖息于江河、湖泊、溪沟的水生藻、草丛中。多在春夏两季繁殖。交配后,受精卵粘附在雌虾后 4 对游泳足上,经 2~3 星期,孵出蚤状幼体,经过 8 次蜕皮,发育成为 9 龄蚤状体,再蜕皮一次,变为末期幼体。末期幼体是已完成变态的仔虾,体长 5.4 mm,其活动姿态显然不同于前各龄蚤状幼体,无论游泳或爬行都背面在上、腹面在下,完全和成虾一样。

4 　鼠妇 *Porcellio*

鼠妇又称鼠负、负蟠、鼠姑、鼠黏、地虱等,是节肢动物门、软甲纲、等足目、潮虫亚目、潮虫科、鼠妇属的一类无脊椎动物的俗称,全世界有 150 种以上。

　　形态特征:体椭圆形或长椭圆形,较平扁,背部稍隆,体躯不能卷曲成球形。头部很小,不明显。胸部宽大有 7 个自由节,腹节 6 节。每个胸、腹节的侧面一般扩大形成侧叶。眼发达,为复眼。第 1 触角很小,第 2 触角较长,柄部 5 节、鞭部 2 节。胸肢 7 对,细长,为适于陆地生活的步行肢。第一胸足两性异形,雌性第 2～5 胸足基部间的腹甲上附抱卵板,重叠覆盖而成孵育囊。腹肢 5 对,第 1～2 腹肢上有分支的伪气管,是适应湿生环境的特有呼吸器官。雄性交接器为第一腹肢的内肢连接而成,呈圆锥形。尾肢双枝型,外肢呈扁平的披针形突出超过尾节末端,内肢短小呈长条形。

　　地理分布:全世界广泛分布。

　　物种评述:鼠妇是甲壳动物中适应陆地生活的类群之一,通常生活于潮湿、腐殖质丰富的地方,如潮湿处的石块下、腐烂的木料下、树洞中、潮湿的草丛和苔藓丛中、庭院的水缸下、花盆下以及室内的阴湿处。杂食性,食枯叶、枯草、绿色植物、菌孢子等。秋季为鼠妇的繁殖旺盛期。在 21℃时,卵约经 26 天孵化成幼体。

（三）蛛形纲

蛛形纲属动物界、节肢动物门、螯肢亚门的一个纲，全世界已知有5万多种，是螯肢亚门最大的一纲。包括蜘蛛、蝎、蜱、螨等。蛛形纲动物身体分成前体（头胸部）和后体（腹部）。前体由6节组成，背面通常包以一块坚硬的背甲，腹面有一块或多块腹板，或被附肢的基节遮住。后体部由12节组成，除蝎类以外，大多数的腹部不再分成明显的两部分，螨类的腹部与前体已合而为一。单眼不超过12个。蜘蛛的后体与前体之间通过腹柄而相连，后体通常无附肢，雌雄异体，大多数为肉食性。用书肺或气管呼吸，有的两者兼备。绝大多数陆生，仅少数螨类及一种蜘蛛为水栖。现存种可分为2亚纲11目。

1 有鞭蝎 *Thelyphonida*

有鞭蝎，别称鞭蝎、"醋牛公"，属节肢动物门、蛛形纲、鞭蝎目的一类无脊椎动物。全世界约85种，中国已知6种和1亚种。

形态特征:鞭蝎在外形上与蝎非常类似。但是鞭蝎腹部末端有一细长的尾鞭,因此鞭蝎目又名尾鞭目。鞭状尾,为触觉器。鞭蝎腹部下面无梳状构造,末端也无毒刺,其触肢各节特别粗壮,具强棘,为主要的捕食工具。第一对步足细长,特化为一个探索的工具。头胸部背甲可分为前、中、后3块。螯肢3节向前伸出,脚须无分化,用作步足。而第一步足用作触觉,其余3对为步足。

地理分布:国外分布于日本、印度、巴布亚新几内亚、美国南部、墨西哥等。国内分布于河南、湖北、广西、江苏、安徽。

物种评述:鞭蝎的视力很弱,几乎只能感受明暗。在他们的头胸部前面有1对主眼,以及3个分别分布在前端每侧的侧眼。鞭蝎的感知器官是那对触肢。鞭蝎的螯肢形状就像是一把削尖了的勺子,或者说一把镐。无毒,纯粹靠着螯肢将猎物的表皮戳碎,再涂抹消化酶,有时则直接把猎物的肉挖下来,囫囵下肚。它的食物主要有蚯蚓、蛤、步甲。鞭蝎的消化能力较弱,所以鞭蝎很耐饿,几个月不吃也不会饿死。鞭蝎无毒,在它受到威胁时,它的腹部后端的腺体可以喷射出由乙酸辛酸组成的混合液体。液体主要成分为含 84% 的醋酸和 5% 的辛酸,能够烧伤人体皮肤,但是伤害不大。

2 棒络新妇 *Nephila clavata*(Koch,1878)

棒络新妇,为蛛形纲、蜘蛛目、园蛛科、络新妇属的一种节肢动物。

形态特征:雌蛛体长 20~25 mm。背甲黑褐色,密生灰色绒毛。头部隆起,中间有一褐色"V"形斑,颈沟凹陷,中窝横向。螯肢棕黑色。触肢黄色多小黑刺,跗节末端黑色。胸板棕黑色,密被细长毛,中央有黄白色宽条纹。步足黑色,多黑毛和长刺。腿、胫与后跗节上有黄色轮纹。腹部圆筒形,腹背黄色底,有青绿色横带相间,腹侧有黄色与黑色斜纹相间,腹末端色深,有黄色圆斑。腹面中央有一棕褐色横列"E"字斑。纺器棕黑色,成熟雌体纺器周围有一鲜红色大斑纹,非常艳丽。雄蛛体长仅为雌蛛的 1/4 左右。体色较暗淡。背甲浅黄褐色,中央的两侧各有一暗褐色纵带。腹部长卵形,背面青褐色。

地理分布:国外分布于日本、印度。国内分布于华北、华东、东北、华中、华南、西南及台湾。

物种评述:常见于树林间、灌木丛、果树间或稻田外周结大圆网,网的四周还有不规则小网黏附,丝色金黄。卵囊球形,茧状。9～10 月成熟,体形特小的雄蛛在网的一侧相伴。捕食性天敌。

3 长脚盲蛛 *Leiobunum species*

长脚盲蛛,别称长脚爷叔,属蛛形纲、盲蛛目的一类节肢动物。全世界已知约 3 200 种。

形态特征:体长一般少于 5 mm,但足距可达 10 cm 以上。

大部分盲蛛目动物的步脚细长,头胸部和腹部间无明显的分隔,不吐丝。可分为腐食性与肉食性两种。腐食性种类步脚细节,上颌及触须无明显特化;肉食性则步脚粗短,上颌及触须特化成钳状的捕食构造。有一些体长 5~10 mm。头胸部(前体)与腹部(后体)连接处宽阔,整体呈椭圆形。背甲中部有一隆丘,其两侧各有一眼。背甲前侧缘有一对臭腺的开孔。可以曲折。腹部分节。头胸部和腹部之间无腹柄,步足多细长,腹部有分节的背板和腹板。用气管呼吸。

地理分布:分布于亚洲。

物种评述:生活在温、热带,多在潮湿的场所,在山区的树干、草丛、石块下或墙角处经常可以发现。掠食或腐食性,取食小型节肢动物、螺类和植物屑。雌性有产卵器,位于腹部腹面正中,管状,藏在鞘内,将卵产入土中、腐木和树皮下、植物或螺壳内。有的种类能够孤雌生殖。

(四)多足亚门

多足亚门(Myriapodia),指体分头和躯干部。头部有触角、上唇、大颚、小颚和下唇等 5 对附肢；胸部 3 节，各有 1 对步足；第 2、3 胸节在有翅昆虫各有 1 对翅；腹部分节，无足。已知约 95 万种，分为 4 纲：唇足纲（Chilopoda）、倍足纲（Diolopoda）、综合纲（Symphyla）和少足纲（Pauropoda）。

1 马陆 *Spirobolus bungii*

马陆，别称千足虫、千脚虫、秤杆虫、香烟虫。属节肢动物门、倍足纲、山蛩目、圆马陆科的一类多足动物。在世界上约 10 000 种。

形态特征：体长 2～380 mm。体形呈圆筒形或长扁形，分成头和躯干两部分，头上长有一对粗短的触角。躯干由许多体节构成，体节两两愈合（双体节），除头节无足，头节后的 3 个体节每节有足 1 对外，其他体节每节有足 2 对，足的总数可多至 200 对。除头 4 节外，每对双体节含 2 对内部器官，2 对神经节及 2 对心动脉。头节含触角、单眼及大、小腭各一对。体节数各

异,从 11 节至 100 多节,一般在第 5、7、9、10、12、13、15～19 节两侧各有臭腺孔 1 对。

地理分布:世界性分布。

物种评述:马陆是土壤动物中的常见类群,性喜阴湿,一般生活在草坪土表层、潮湿耕地、枯枝落叶堆、瓦砾、石堆下或土缝内。一般白天潜伏,晚间活动。平时喜欢成群活动,行动迟缓。无毒颚,不蜇人,遇到危害会立即蜷缩成一团,呈"假死状态"。能分泌一种有毒臭液,气味难闻,使得家禽和鸟类不敢取食。主要以凋落物、朽木等植物残体为食,是生态系统物质分解的最初加工者之一。卵成堆产于草坪土表,每头可产卵 300 粒左右。在适宜温度下,卵经 20 天左右孵化为幼体,数月后成熟。马陆 1 年繁殖 1 次,寿命可达 1 年以上。

2 蜈蚣 *Scolopendra subspinipes*

蜈蚣,别称天龙、百脚虫、少棘蜈蚣、吴公、蝍蛆等,为节肢动物门、唇足纲、蜈蚣目、蜈蚣科的一类多足动物。

形态特征:呈扁平长条形,长 9～17 cm,宽 5～10 mm。全体由 22 个环节组成,最后一节略细小。头部两节暗红色,有触角及毒钩各 1 对;背部棕绿色或墨绿色,有光泽,并有纵棱 2 条;腹部淡黄色或棕黄色,皱缩;自第二节起每体节有脚 1 对,生于两侧,黄色或红褐色,弯作钩形。

地理分布:除南极洲之外的六大洲均有分布。国内分布于西北、华东、华中、华南、西南等地区。

物种评述:蜈蚣是一种有毒腺的、掠食性的陆生节肢动物。蜈蚣喜欢在丘陵地带和多沙土地区栖息,在阴暗、温暖、避雨、空气流通的地方生活。白天多潜伏在砖石缝隙、墙脚边和成堆的树叶、杂草、腐木阴暗角落里,夜间出来活动。为典型的肉食性动物,性凶猛,食物范围广泛,尤喜食昆虫类。在早春食物缺乏时,也可吃少量青草及苔藓的嫩芽。一般在 10 月天气转冷时,钻入背风向阳山坡的泥土中,潜伏于离地面约 12 cm 深的土中越冬至次年惊蛰后(3 月上旬),随着天气转暖又开始活动觅食。蜈蚣钻缝能力极强,它往往以灵敏的触角和扁平的头板对缝穴进行试探,岩石和土地的缝隙大多能通过或栖息。密度过大或惊扰过多时,可引起互相厮杀而死亡。但在人工养殖条件下,饵料及饮水充足时也可以几十条在一起共居。蜈蚣的脚呈钩状,锐利,钩端有毒腺口,一般称为腭牙、牙爪或毒肢等,能排出毒汁。被蜈蚣咬伤后,其毒腺分泌出大量毒液,顺腭牙的毒腺口注入被咬者皮下而致中毒。毒素不强,被蜇后会造成疼痛但不会致命。

3 蚰蜒 *Scutigera coleoptrata*

蚰蜒,俗称草鞋底,属节肢动物门、唇足纲、蚰蜒目、蚰蜒科的一类多足动物。种类颇多,我国常见的为花蚰蜒,或称大蚰蜒。

形态特征:体短而微扁,棕黄色。体长 1.5～5 cm。全身分

15 节,每节有细长的足 1 对,最后一对足特长,足易脱落。气门在背中央,触角长,毒颚很大。头部后面有 1 个环节,有 1 对钩状颚足,颚足末端成爪状,爪的顶端有毒腺开口,能分泌毒液,触及人体皮肤后即可致局部疱疹,令人刺痛难受。

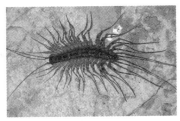

地理分布:国外分布于热带、亚热带国家。国内分布于华中、华东、华南地区。

物种评述:栖息房屋内外阴湿处,多在夏秋季节活动,白天在腐叶、朽木中休息,到了晚上才出来觅食,行动迅速,爬行于墙壁、蚊帐、家具、床下,以蜘蛛、臭虫、白蚁、蟑螂、蠹鱼、蚂蚁和其他居家节肢动物为食。它用毒牙将毒液注入它们的体内,将之杀死。蚰蜒属于代谢较低、生长缓慢、繁殖能力差而寿命很长的物种。生命周期大约为 3～7 年,视栖息的环境而定。

三、软体动物门

软体动物门是无脊椎动物中数量和种类都非常多的一个门类,已经发现的现代种类加上化石种类一共有 12 万种,仅次于节肢动物而成为动物界中的第二大门类。软体动物适应力强，因而分布广泛，陆地、淡水和咸水中都有大量成员，像蜗牛、河蚌、海螺、乌贼等都是我们熟悉的软体动物代表。

各类软体动物虽然形态各异、习性有别，但是基本特征十分相似，身体柔软而且大多数都不分节，一般都分为头、足、内脏团和外套膜 4 个部分。外套膜通常还都分泌出钙质的硬壳保护在身体的外面。由于外套膜形状因种类而异，不同种类的软体动物的硬壳外形也就各种各样。不过，除了大多数成年期的腹足动物之外，它们的壳体都是左右对称，也就是两侧对称的。科学家正是根据这些硬壳和软体结构的差异，将软体动物分成了10 个纲，它们就是单板纲、多板纲、无板纲、腹足纲、掘足纲、双壳纲、喙壳纲、头足纲、竹节石纲和软舌螺纲。

1 **方形环棱螺 *Bellamya quadrata*（Benson）**

方形环棱螺，别称方田螺、螺蛳、湖螺、石螺、豆田螺、金螺、蜗螺牛，为软体动物门、腹足纲、中腹足目、田螺科、环棱螺属的一种无脊椎动物。

形态特征:全体呈长圆锥形。壳质厚,极坚固。壳高 26～30 mm,壳宽 14～17 mm。壳顶尖,螺层 7 层,缝合线深,体螺层略大,壳面黄褐色或深褐色,有明显的生长及较粗的螺棱。壳口卵圆形,边缘完整。壳角质,黄褐色,卵圆形,其上有同心环状的生长纹。

地理分布:国内大部分地区均有分布。

物种评述:生活于河沟、湖泊、池沼及水田内,多栖息于腐殖质较多的水底。食性杂,以水生植物嫩茎叶、细菌和有机碎屑等为食,喜夜间活动和摄食。最适生长水温在 20～25℃,水温达 15℃以下和 30℃以上时即停止摄食活动。10℃以下时即入土进入冬眠状态,当水温恢复至 15℃以上时又出穴摄食。雌雄异体,雌多雄少,群体中雌螺占 75％～80％。每年 4 月开始繁殖,6～8 月为生育旺季。方形环棱螺为卵胎生,受精卵的胚胎发育至仔螺发育都在雌螺体内进行。产仔数量与种螺年龄及环境条件有关,一般每胎可产仔 20～40 个。

2 灰巴蜗牛 *Bradybaena ravida*(Benson)

灰巴蜗牛,别称蜒蚰螺、水牛儿,为软体动物门、腹足纲、柄眼目、巴蜗牛科的一种无脊椎动物。

形态特征:壳高 19 mm,宽 21 mm,有 5.5～6 个螺层,顶部几个螺层增长缓慢、略膨胀,体螺层急骤增长、膨大。壳面黄褐色或琥珀色,并具有细致而稠密的生长线和螺纹。壳顶尖。缝合线深。壳口呈椭圆形,口缘完整,略外折,锋利,易碎。轴缘在脐孔处外折,略遮盖脐孔。脐孔狭小,呈缝隙状。个体大小、颜色变异较大。一般呈卵圆球形,白色。

地理分布:分布已遍布全球。国内分布广泛。

物种评述:本种随处可见,车库、花园、屋檐、下水道等,最常见的地方是树上、落叶堆,以及墙上。是中国常见的为害农作物的陆生软体动物之一。在紫金山一年生 1 代,11 月下旬以成贝

和幼贝在田埂土缝、残株落叶、宅前屋后的物体下越冬。翌年
3月上中旬开始活动,该蜗牛白天潜伏,傍晚或清晨取食,遇有
阴雨天多整天栖息在植株上。4月下旬到5月上中旬成贝开始
交配,交配后不久把卵成堆产在植株根茎部的湿土中,初产的卵
表面具黏液,干燥后把卵粒粘在一起呈块状,初孵幼贝多群集在
一起取食,长大后分散为害,喜栖息在植株茂密、低洼潮湿处。
温暖多雨天气及田间潮湿地块受害重。遇有高温干燥条件,蜗
牛常把壳口封住,潜伏在潮湿的土缝中或茎叶下,待条件适宜
时,如下雨或灌溉后,于傍晚或早晨外出取食。寄生于黄麻、红
麻、苎麻、棉花、豆类、玉米、大麦、小麦、蔬菜、瓜类等,为害麻叶
成缺刻,严重时咬断麻苗,造成缺苗断垄。

3 蛞蝓 *Agriolimax agrestis*(Linnaeus)

蛞蝓,别称蛞蝓、鼻涕虫、水蛞蝓、土蜗、托胎虫、蛞蝓螺等,
为软体动物门、腹足纲、柄眼目、蛞蝓科的一种无脊椎动物。

形态特征:成虫体伸直时体长 30~60 mm,体宽 4~6 mm;

内壳长 4 mm,宽 2.3 mm。长梭形,柔软、光滑而无外壳,体表暗黑色、暗灰色、黄白色或灰红色。头部前端有触角 2 对,后方的一对较长,其顶端各有眼 1 个。触角能自由伸缩,如遇刺激,则立即缩入,其右侧附近有生殖孔的开口。头端腹侧有口。体前方的右侧,有一呼吸孔。跖面有黏液腺,分泌黏液,匍行经过处,常留有白色黏液的痕迹。

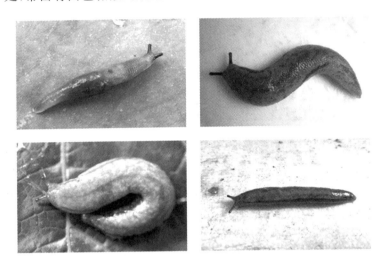

地理分布: 国外广泛分布于欧洲、亚洲、北美和北非。国内广泛分布。

物种评述: 春秋季活跃,喜欢阴暗潮湿,夜间活动。感觉灵敏,触之立即蜷缩。在 18～20℃时最为活跃,土壤湿度在 60%～90%时有利于其繁殖,在黏土地、低洼地较多。寄主主要有草莓、甘蓝、花椰菜、白菜、瓢儿白、菠菜、莴苣、牛皮菜、茄子、番茄、豆瓣菜、青花菜、紫甘蓝、百合、芹菜、豆类等农作物及杂草等。它是一种体内水分很多的常见软体动物(蜒蚰身体里 85%几乎都是水),当我们把盐撒到它身上时,因为盐的浓度大于它体内水分的浓度,会把它身体里的水分全都吸出来(它也死了），所以看上去就好像化成一摊水一样。《本经》记载功用包括清热祛风，消肿解毒，破痰通经；治中风歪僻，筋脉拘挛，惊痫，喘息，喉痹，咽肿，痈肿，丹毒，经闭，癥瘕，蜈蚣咬伤。

四、环节动物门

环节动物门为两侧对称、分节的裂生体腔动物。已描述的约有 17 000 种，常见种有蚯蚓、蚂蟥、沙蚕等。体长从几毫米到 3 m。栖息于海洋、淡水或潮湿的土壤，是软底质生境中最占优势的潜居动物。少数营内寄生生活（花索沙蚕科 Arabellidae）。环节动物可提高土壤肥力，有利于改良土壤；可促进固体废物还原；可供做饵料，增加动物蛋白质；可作为环境指示种；可用于医疗和入药；另外，有的是有害的海洋污染生物。环节动物门分为多毛纲（Polychaeta）、寡毛纲（Oligochaeta）和蛭纲（Hirudinea）三纲。

蚯蚓

蚯蚓别称地龙、曲蟮、坚蚕、引无、却行、寒欣、鸣砌、地起翘、阮善，是环节动物门、寡毛纲、后孔寡毛目的一类无脊椎动物。

形态特征：身体呈圆筒状，两侧对称，具有分节现象。由100多个体节组成，在第11节以后，每节的背部中央有背孔。没有骨骼，属于无脊椎动物，体表裸露，无角质层。除了身体前两节之外，其余各节均具有刚毛。

地理分布：世界性分布。

物种评述：雌雄同体，异体受精，生殖时借由环带产生卵茧，繁殖下一代。目前已知蚯蚓有2 500多种。达尔文曾指出，蚯蚓是世界进化史中最重要的动物类群。蚯蚓属夜行性动物，喜居在安静、潮湿、疏松而富于有机物的泥土中，特别是肥沃的庭园、菜园、耕地、沟、河、塘、渠道旁以及食堂附近的下水道边、垃圾堆、水缸下等处。为杂食性动物，它除了玻璃、塑胶和橡胶不吃，其余如腐殖质、动物粪便、土壤细菌、真菌等，以及这些物质的分解产物都吃。蚯蚓味觉灵敏，喜甜食和酸味，厌苦味。喜欢热化细软的饲料，对动物性食物尤为贪食每天吃食量相当于自身重量。食物通过消化道，约有一半作为粪便排出。具有母子两代不愿同居的习性。尤其在高密度情况下，小的繁殖多了，老的就要跑掉、搬家。